探寻海洋的秘密丛书

海洋奇观

谢宇◎主编

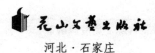

花山文艺出版社

河北·石家庄

图书在版编目（CIP）数据

海洋奇观 / 谢宇主编. -- 石家庄 ：花山文艺出版
社，2013.4（2022.3重印）
（探寻海洋的秘密丛书）
ISBN 978-7-5511-1148-5

Ⅰ．①海… Ⅱ．①谢… Ⅲ．①海洋－青年读物②海洋
－少年读物 Ⅳ．①P7-49

中国版本图书馆CIP数据核字(2013)第128580号

丛 书 名：探寻海洋的秘密丛书
书　　名：海洋奇观
主　　编：谢 宇
责任编辑：尹志秀　甘宇栋
封面设计：慧敏书装
美术编辑：胡彤亮
出版发行：花山文艺出版社 （邮政编码：050061）
　　　　　（河北省石家庄市友谊北大街 330号）

销售热线：0311-88643221
传　　真：0311-88643234
印　　刷：北京一鑫印务有限责任公司
经　　销：新华书店
开　　本：880×1230　1/16
印　　张：10
字　　数：160千字
版　　次：2013年7月第1版
　　　　　2022年3月第2次印刷
书　　号：ISBN 978-7-5511-1148-5
定　　价：38.00元

目 录

太平洋览胜…………………………………………………………… 1

水中花园——珊瑚海………………………………………………… 3

太平洋的甜岛——斐济……………………………………………… 4

汤加岛屿的奇观异景………………………………………………… 5

大西洋奇观…………………………………………………………… 6

没有海岸的海………………………………………………………… 8

墨西哥暖流……………………………………………………………10

美洲地中海奇观………………………………………………………11

印度洋中的景观………………………………………………………13

小大陆——马达加斯加岛……………………………………………14

印度洋上的明珠——塞舌尔…………………………………………16

北冰洋的冰雪奇观……………………………………………………18

绿色土地却不绿………………………………………………………20

南北极冰山奇观………………………………………………………22

北极掠影………………………………………………………………25

冰岛奇观………………………………………………………………29

岛国拾趣………………………………………………………………31

通往大西洋的咽喉——直布罗陀海峡………………………………34

麦哲伦海峡探秘………………………………………………………37

水上走廊——曼德海峡一瞥…………………………………………40

马六甲海峡奇观………………………………………………………42

黑海海峡漫步…………………………………………………………44

迷人的哥本哈根………………………………………………………47

以色列海底村庄揭秘…………………………………………………50

美国首家海底酒店……………………………………………………51

闻名遐迩的英吉利海峡隧道…………………………………………53

白令海峡大桥…………………………………………………………56

海南岛览胜……………………………………………………………57

海天佛国——小岛普陀山……………………………………………63

崇明岛奇观……………………………………………………………67

神山仙岛——长岛奇观 ………………………………………… 69

红树林海岸 …………………………………………………… 72

南海珊瑚礁览胜 ……………………………………………… 74

白鹭之岛——厦门 …………………………………………… 76

榕城福州马尾港 ……………………………………………… 79

千岛舟山 ……………………………………………………… 82

山海连云港 …………………………………………………… 86

海城青岛 ……………………………………………………… 89

大连老虎滩春色 ……………………………………………… 92

奇妙的香港海洋公园 ………………………………………… 94

金石滩奇景 …………………………………………………… 98

海蛇岛奇观 …………………………………………………… 99

渤海中的天下一绝 …………………………………………… 100

美丽的西沙 …………………………………………………… 102

南沙礁魂 ……………………………………………………… 105

神奇美丽的珊瑚礁 …………………………………………… 107

海底的无穷奥秘 ……………………………………………… 109

千姿百态的海洋生物 ………………………………………… 110

丰富多彩的美国海底博物馆 ………………………………… 111

海底地形奇观 ………………………………………………… 115

大陆架和大陆坡 ……………………………………………… 117

海盆和海沟 …………………………………………………… 119

海底火山 ……………………………………………………… 121

海底绿洲和沙漠 ……………………………………………… 123

多姿多彩的海底沉积物 ……………………………………… 125

沉积物中的间隙水 …………………………………………… 127

见证历史的海底岩石 ………………………………………… 129

连绵起伏的海山 ……………………………………………… 131

多姿多彩的海上家园 ………………………………………… 133

21世纪初的海上娱乐场 ……………………………………… 136

千姿百态的海上人工岛 ……………………………………… 138

荷兰海洋工程 ………………………………………………… 143

海上机场与海上浮动机场 …………………………………… 147

海洋公园游览 ………………………………………………… 149

人类生存新空间 ……………………………………………… 153

太平洋览胜

太平洋位于亚洲、大洋洲、北美洲、南美洲和南极洲之间。太平洋的形状近似圆形，纵贯南北半球，是世界上面积最大、水域最广阔的第一大洋。

太平洋是世界水体最深的大洋，平均水深度为11228米，全球超过万米的6个海沟全在太平洋中，其中马里亚纳海沟是世界海洋最深的地方。

太平洋的岛屿星罗棋布，素有"万岛世界"之称，这些千姿百态的岛屿为太平洋增添了许多美的情趣，仅在赤道附近往南的南太平洋地区，就有大小2万多个。这个群岛套着群岛的万岛世界，要精确算出它们的数目，恐怕连现代最先进的设备也要费尽周折。大陆的漂移，有朝一日可能使它们的一部分断裂而独立成为小岛；历史上的大海退，大规模的火山爆发，地壳运动，都在毁灭和诞生着它们。

太平洋集中了世界上85%的活火山，又是世界上珊瑚礁最多、分布最广的海洋。太平洋有一个著名的火山环带，被称为"太平洋火圈"。许多活火山，就是沿着这个火圈分布的。如果在浅海，一次火山喷发就可以形成一个新岛。但在深海，火山从深达四五千米的高度，要经过多次喷发和逐渐堆高，才能露出水面，形成火山岛。被称为"热地"的夏威夷岛就是一个典型的例子。夏威夷岛是由5个火山组合而成的，海上及海下火山的实际高度是9000米以上。夏威夷火山别具一格，它不像日本的富士山那样有圆锥形的山峰，而是作平缓的穹隆状，山的坡度很小，故称为盾形火山。这种火山比较"文静"，很少有猛烈喷发爆炸的现象，所以，是人们观赏火山喷发胜景的好地方，熔岩有时可流出80千米以外，蔚为壮观。

太平洋的名字很美，其实这儿并不太平。在南纬40度，终年刮着强大的西风，洋面辽阔，风力很大，被称为"狂吼咆哮的四十度带"，是有名的风浪险恶的海区。夏秋两季，在菲律宾以东海面，常产生热带风暴台风，掀起惊涛骇浪，即使万吨巨轮也能被卷入海底。

太平洋沿岸和太平洋中，有30多个国家和一些尚未独立的岛屿，居住着世界总人口的近二分之一的人口。

这里岛屿众多，渔场广布，约占世界各大洋浅海渔场总面积的1/2。渔获量占世界渔获总量的近一半。

太平洋万顷烟波，水天茫茫。吸引人们的不仅是滔滔的海洋本身，更有数不尽的岛屿、海洋生物、茂密的植被、矿藏和充满情趣的旖旎风光。

浩瀚的太平洋上有许多我们所不了解的风情。那些异彩纷呈的风光，给太平洋增添了无穷的魅力，也给太平洋沿岸和太平洋岛屿上的人民带来颇具特色的文明。

水中花园——珊瑚海

在美拉尼西亚岛群与澳大利亚大陆之间，有一个479万平方千米的太平洋边缘海，名叫珊瑚海。这是世界上的第一大海。海底地形极为复杂，每年1~4月份，海域中往往产生猛烈的热带风暴，席卷澳大利亚东海岸。在辽阔碧透的海面上，点缀着许多色彩斑驳的岛礁，形成一片绮丽的热带风光。澳大利亚东北海岸的大堡礁，是世界之最，令人陶醉。大堡礁的礁石上布满了海藻和软体动物，退潮时露出海面，呈现为五彩缤纷的世界；涨潮时被海水淹没，出现泡沫翻滚的激浪。岩礁上还生长着密密麻麻的果树。这里既是一座巨大的水生博物馆，又像是一座生机盎然的水中花园。

太平洋的甜岛——斐济

斐济是太平洋中岛屿最多的国家之一，也是最古老的岛屿。斐济由320多个岛屿组成。努瓦岛是斐济的第二大岛，面积5535平方千米。这里的地形复杂，有高耸的台地，陡峻的山峰和峡谷，多瀑布和热矿泉。这里的热矿泉不下20处，把小岛点缀得分外迷人。热矿泉的温度一般在80℃以上，具有医疗价值，当地人称此岛为"太阳燃烧的地方"。斐济几乎是生产蔗糖的单一的经济地区。被称为太平洋的"甜岛"。斐济还是各国廉价物品云集的地方，各国游客都喜欢到这儿来买东西，甚至自己本国生产出口再转卖到这里的东西，也比本国便宜。

汤加岛屿的奇观异景

在波利尼西亚的汤加，人们会发现这是以胖为美的国度，标致的妇女必须肥胖，脖子要短，不能有腰身。和世界上大多数国家的审美标准正好相反。汤加人民生活颇具田园风味，他们日出而作，日落而息，听不到轰鸣的机器声，看不见林立的烟囱，这里是世界上少有的没有污染的国家之一。

汤加沿岛的奇观异景的确饱人眼福。悠悠岁月，滚滚洋流，长期的海水侵蚀和袭击，使海岸上形成了千奇百异的孔洞，洞内有洞，天外有天。浪涛袭来时，海水穿过孔洞飞向空中，再从十几米高处直泻地面，在阳光下炫目耀眼，绚丽壮观。有的洞犹如莫测的地下迷宫，光怪陆离的现象，让人疑是人间仙境。汤加还有一些火山岛，别有一番风光。火山岛中，面积最大的是托富阿岛，它的北部有一座活火山，是全国最高点，这里的火山面貌保存完整。火山口积水成湖，湖中有岛，岛中有湖，构成了多姿的湖光岛色。湖中因沸泉喷发而形成的飞瀑，热雾弥漫，沸流飞溅，不同于一般的湖光水色。

当雷电交加，狂飙骤降时，时速超过300千米的风暴驱动着滚滚浪涛，以排山倒海之势横扫一切，所向披靡。就在这狂怒的浪花中有火苗跳动着，这种火苗绝非平日所说的"海火"，而是地地道道燃烧着的热火。巨浪和火苗构成的图画雄伟壮观，这是狂暴与温柔的结合，是力量与美的结合。

大西洋奇观

大西洋位于南北美洲、欧洲、非洲之间，南接南极洲，通过深入内陆的属海地中海、黑海与亚洲毗邻。

大西洋沿岸和大西洋中有70多个国家和地区。大西洋文明，尤其在我们东方人看来，可谓别有一番风采。

在漫长的地球历史长河中，"沧海桑田"的事件曾多次发生。在陆地上找到的海底遗迹，在海底发现的沉没的城市、乡村的废墟，都是沧海变桑田或是桑田变沧海的证明。这些，在大西洋及其沿岸地区，也是如此。哪里曾是陆地？哪里曾是海洋？

有一个给浩瀚而绮丽的风光增添了无限神秘色彩的传说是：大西洋底下，藏着一个曾经具有辉煌历史、发达而文明的国度：大西国！

在地中海区域和大西洋两岸以至世界上的许多国家里，一个古老而神秘的"大西国"的传说，千百年来，不时地在人们心中回荡。据说大西国有数千万人口，难以数计的物质财富和精神宝藏，但都在一刹那之间毁灭殆尽，被汹涌的波涛所吞没。

这些传说里的似是而非的情景激起了人们强烈的好奇心，吸引着许多学者为寻找这个沉岛而终生努力。它时而给人们带来希望，时而又使人们充满无限渺茫。正当这神奇的国度再次在人们心里趋于消失的时候，两次考古的新发现，又使这动人的传说重新活跃了起来。

1967年，在地中海东部爱琴海的桑托林岛上，希腊考古学家们挖掘了公元前1500多年的青铜器时代文化遗址。在数十米厚的岩石下面，埋藏着米诺依青铜器时代的遗物。这是不是"沉没的大西国"的残存的遗址呢？

1968年夏季，在大西洋巴哈马群岛中某岛沿岸，从水深4.5~7米的海底，发现了巨大的宫殿圆柱，还有由大理石铺成的道路。这是不是"沉没的大西国"王宫的遗址呢？

这些发现，给人们带来"柳暗花明又一村"的光明前景，人们开始了又一次探索古岛踪迹的热潮。

没有海岸的海

就大西洋这一海洋本身而言，其最独特的，莫过于其中的百慕大"魔鬼三角"和马尾藻海了。世界上的海，尽管与邻近海洋相通，但一般都是有海岸的。有趣的是，大西洋中却有一个没有海岸的海，既不与大陆相连，也不被陆地包围，它就是萨加索海，也叫马尾藻海，人们称它为"没有海岸的海"，或"洋中之海"。

马尾藻海在中大西洋的北部，恰好在北大西洋环流的中央。这里的海水像水晶一样清澈透明，透明度是世界大洋中最高的。在有阳光的日子里，把照相的底片放在1083米深处，底片仍然可以感光。马尾藻海的海水很咸，马尾藻在这里大量地繁殖并旺盛地生长着，厚厚的海藻铺在茫茫的大海上。马尾藻海里生活着许多奇形怪状的动物，如含着马尾藻飞来飞去筑巢的飞鱼、马林鱼、剑鱼、海龙、海马。海马全身盖着一层骨盔板，善于伪装，白天与海藻颜色一样，晚上则变黑，看上去似爬行动物，实际上是一种鱼。

这里最奇妙的要算马尾藻鱼了。它是一种凶猛的小型捕食动物，当它长到20厘米长时，就开始庄严地"打扮"自己了；它的凸凹不平、布满白斑的身体与马尾藻颜色一致，而且长着像马尾藻"叶子"一样的附属物。它的眼睛可以变色，胸前有一对奇妙的鳍。这对胸鳍相互配合，灵活得像"手"一样，能抓住海藻。

在马尾藻海中，有一块广阔的海域，像一个巨大的等边三角形，每边长2000千米。它的顶点在百慕大群岛，底边的两端分别在佛罗里达海峡和波多黎各岛附近。在这个三角海区中，船舰经常瞬间沉没，船员下落不明；经此上空的飞机也会突然失踪。

马尾藻海不仅以蔚为壮观的海上草原举世闻名，而且有许许多多奇特的自然现象令人费解。

北大西洋环流日夜不息地奔流，像一堵旋转着的墙壁，使大西洋的水几乎流不进马尾藻海，马尾藻海的水也流不出圈外。这样就使马尾藻的海水几乎不流动，是一个广阔无垠的"世外桃源"。

绿草如茵的马尾藻海平静美丽，看过大海的汹涌波涛的人一定会被这里的平静所吸引。这片"草原"还神出鬼没，时隐时现，茂密的水草有时突然失踪，有时又布满海面，其景象奇特而壮观。

喜怒无常的百慕大死三角几乎全处在这个平静的海区，它在环流的圈外横行霸道；马尾藻海则像一条在环流圈内冬眠的大蟒蛇！二者相比，百慕大死三角给人以恐惧，马尾藻海则给人以神秘。而这平静和神秘的背后是更可怕的陷阱。

墨西哥暖流

大自然向人们提供了美不胜收的景观，大自然也不断向人类智慧提出挑战。

大西洋的赤道南北，也有两个与太平洋位置大体相似的大洋环流，其中以墨西哥暖流最著名。墨西哥暖流又简称湾流，是世界大洋中宽度最大、流程最长、水温最高、影响最深远的暖流。习惯上，人们把佛罗里达暖流、墨西哥暖流和北大西洋暖流，合称为一个湾流系统。这个规模巨大的湾流比黑海暖流大近一倍，几乎相当于世界陆地所有河流总流量的40倍。湾流的热量非常大，人们形象地称它为永不停息地输送热量的"暖水管"。

由于暖流的影响，西北欧的斯堪的纳维亚半岛上生长着郁郁葱葱的针叶林和混交林，而北美东北部的格陵兰岛则绝大部分是白雪皑皑的冰封世界。如果到那里去看一看，就会发现许多奇特的自然现象：那里有南面吹来的凛冽的寒风，有北方刮来的习习暖风；有夏季纷纷飘扬的六月雪；有冬天阴云缠绵的元月雨；在那里大雁春天向南飞去，海鸥秋天则向北展翅。

美丽的海洋令人神往，然而，那蓝色的海水，就像一道厚厚的帷幕，挡住了人们的视线。在科学不发达的古代，人们只能望洋兴叹，留下了一片幻想，许多传说。今天，潜水艇的改进，深海探测器的发明，加快了人们探索大洋深处神奇世界的步伐。关于大西洋的上面和下面，人们需要认知的还有很多，很多。

美洲地中海奇观

大西洋上有成千上万的岛屿。在这些岛屿上的国家和人民，有着独具特色的文化和风情。

在拉丁美洲北部的大西洋洋面上，数以千计的岛屿星罗棋布，姿态万千。大安的列斯群岛好像浮在万顷碧波中的一条飘带；小安的列斯群岛如同一串珍珠，撒在翡翠般的海面上。两组群岛互相衔接，长达3000多千米。就在这两个岛弧和中、南美洲大陆之间，环抱着一个巨大的海域，它就是被称作"美洲地中海"的加勒比海。

大安的列斯面积较大，多为大陆岛；小安的列斯有不少是弹丸之地，以火山岛为主，也有美丽的珊瑚礁。

它们以秀丽的自然风光和悠久的人类历史吸引着来自世界各地的旅游者。

加勒比海沿岸的许多国家，可以从国名上看出它们历史上的变迁和地理上的特色。勤劳勇敢的印第安人是最早生活在这里的人，他们建立了自己独特的文化，是本地区最早的主人。因此，今天的许多国名渊源于印第安人的词汇。如墨西哥原是印第安语"墨西特里"，即神话中战神的别名；尼加拉瓜取名于印第安人中的一位出名的酋长尼加鲁。

加勒比海中美丽的岛国牙买加，国名来源于该岛最早的居民印第安人阿拉瓦克族的语言。他们把自己的土地称为"牙买加"，即"泉水之岛"的意思。有一首民歌唱道："牙买加，牙买加，这个泉水淙淙、河溪盈盈、美丽富饶的国家。"的确，在牙买加岛上，高山幽谷之间，瀑布飞泻，清泉四溢，为西加勒比海中的旅游胜地。

特立尼达和多巴哥共和国位于加勒比海的东南部，由两个形状奇特的姊妹岛组成。印第安人原先取的名字是"伊丽和多巴哥"，意思是蜂鸟之乡和烟草，因为两个岛上栖息着大量羽毛瑰丽的蜂鸟，而多巴哥岛又是烟草的故乡。

印度洋中的景观

印度洋，东、西、北三面为陆地；东南部、西南部与太平洋和大西洋"携手"相连；南靠冰雪皑皑的南极洲。

印度洋的面积为7492万平方千米，占世界海洋总面积的1/5左右，是世界第三大洋。印度洋中的岛屿较少，大多分布在北部和西部。周围有30多个国家和地区，除大洋洲的澳大利亚外，其余都是发展中国家。

印度洋的洋底地貌要复杂一些，它的洋底中部分布着像"人"字形的印度洋海岭，即大洋中脊。有趣的是，印度洋分布有许多大陆隆、海台或海底高原，它们虽然在大洋底，却具有大陆地壳的性质，人们又称为微型大陆。

红海是印度洋的一个内陆海。它像印度洋的一条巨大的臂膀深深地插入非洲东北部和阿拉伯半岛之间，成为亚洲和非洲的天然分界线。

红海的海水颜色很怪：红褐色。人们对它的颜色怀有极大的兴趣，这是为什么呢？原来，在红海表层海水中繁殖着一种海藻，叫蓝绿藻，死亡以后变为红褐色。大量死亡的藻漂浮在海面上，久而久之，海面上就像披上了一件红外衣，把大海打扮得红艳艳的。同时，红海东西两侧狭窄的浅海中，有少量红色珊瑚礁，两岸的山岩也是赭石色的，它们相互衬托辉映，使海水越发呈现出红褐色；加上附近沙漠广布，热风习习，红色的沙粒经常弥漫天空，掉入海中，把红海染得更红了。红褐色的海水，使这片海域赢得了"红海"的美称。

小大陆 —— 马达加斯加岛

印度洋西南部的马达加斯加岛，西隔宽阔的莫桑比克海峡与非洲大陆相望，好似一艘巨型舰停泊在印度洋上。有印度洋中的"小大陆"之称。

马达加斯加岛有人口970多万。全岛2/3的面积为砖红壤和红壤所覆盖，土壤与河水都呈红色；从飞机上俯瞰，一片赭红，所以又有"红岛"的别称。红壤中含有许多火山灰，比较肥沃，适宜耕种。

热带气候和海岛的环境使马达加斯加有许多当地特有的生物品种。东部热带雨林，是一个巨大的天然植物园，丛林茂密，大树参天。寄生植物多，野生植物有六七千种，其中很多是当地的特有品种。西部热带草原中生长着的罗望子，是热带豆科常绿树的一种，果肉可以做清凉药用。

值得一说的是旅人蕉，它在全岛都有分布。旅人蕉的树干好似椰子树，连叶柄处，藏有大量的清水，行人口渴时，在叶柄处穿孔，便能喝上流出的清水，既清凉又解渴，备受旅人的喜爱，旅人蕉因此而得名。旅人蕉的叶还可制成垫子，可供盖房子用。叶作扇状扩张，异常美观，所以又是热带庭院的观赏植物。到这儿来的人，无不喜欢这种温馨体贴又美丽的植物。

马达加斯加岛还是一个巨大的动物园。岛上有马岛灵猫、狐猴等特有的品种和大壁虎等蜥蜴类动物。岛上约有狐猴40种，占世界狐猴种类的3/4。树懒就是狐猴的一种，是目前世界上濒临灭绝的稀世之宝。树懒喜欢发出"哎哎"的叫声，所以，当地人又叫它"哎哎"。

马达加斯加是一个农业国，90%

以上的居民从事农牧业。咖啡是主要出口物资，木薯是居民的主要食物，木薯粉出口居世界第一位。华尼拉果是一种可制成香料的香草桨子，产量占世界的4/5。这里资源丰富，到这里来的人不仅可以品尝从未尝过的香果，还能观赏珍奇的海洋动物。

印度洋上的明珠 —— 塞舌尔

印度洋上的岛国塞舌尔，堪称印度洋上的一颗明珠。在水天一色的印度洋洋面徐徐可见一片汪洋中许多星星点点的岛屿，像一颗颗翡翠镶嵌在湖绿色的碧玉上。

塞舌尔是个令人神往的岛国，全称塞舌尔共和国。位于印度洋西部，赤道以南，马达加斯加岛以北932千米处，距非洲大陆东海岸1450千米。塞舌尔全国由92个大小岛屿组成，国土总面积为454平方千米。群岛最早的名称为"七姐妹岛"。

别看这个岛国在地图上不起眼，但其特有的海水、阳光、沙滩、花岗岩翠谷、茂密的椰林、珍奇的飞禽、清净的环境以及绮丽的热带风光，却

使这个岛国享有"伊甸乐园""爱情之岛"和"旅游天堂"的美称。传说这里是亚当和夏娃生活过的地方。岛上奇花荟萃，林木葱郁，又被喻为"高悬的空中花园"；还有"忘却了的天堂"之称，意思是在乱世纷繁之中，这个天堂美景被人们所遗忘。

塞舌尔地理位置优越，自然条件独特。除了美丽诱人的热带岛国风光外，这里还有许多稀有的动、植物，其中独有的植物有80余种。塞舌尔约有4000株海椰子树，海椰子被视为国宝，受到特别的保护，在塞舌尔的国徽中就镶有海椰树的图案。现在普拉兰岛上一棵最高的海椰子树高达40米，已有800岁了。

海椰子树是世界上罕见的珍奇植物，不仅外形与一般椰子树不大相同，而且生长期漫长，更使它身价倍增。海椰树生长缓慢，一棵树活千年也不会停止长高。这种树是雌雄两株合抱一起，根须也相互盘缠，高达30多米，因此有人又称它为"爱情树"。海椰树树龄在25年左右开始结果，能连续结果850年以上。

在距首都维多利亚50多海里的鸟岛，可以看到成千上万只燕鸥在空中翱翔，有些则在沙地上筑巢，叽叽喳喳，蔚为壮观。鸟岛附近浮游生物繁盛，每年4月有上百万只燕鸥到岛上栖息，7~8月产卵、繁殖。繁殖期一过，它们又展翅远飞，在岛上留下遍地的燕鸥蛋。

在鸟岛东南角，有平展细白的沙滩，海水清澈见底，人们可以尽兴在海中畅游。当中一些欧洲人，三三两两找个僻静处，全身赤裸躺在沙滩上晒日光浴。人们似乎回到空灵的原始状态，饱享大自然的抚爱。

北冰洋，大致以北极为中心，被亚欧大陆和北美大陆所环抱，它是世界上面积最小、水体最浅的大洋。

北冰洋的冰雪奇观

北冰洋地处北极圈内，气候寒冷，有半年时间绝大部分地区的平均气温为-20℃至-40℃，没有真正的夏季。边缘海域时常有风暴。这里还有一个奇特的现象，就是极昼和极夜现象。夏天，连续的白昼，淡淡的"夕阳"连续好几个月在海面上徘徊，长久不落的"夕阳"给人一种苍凉的美感；冬季，连绵的黑夜，天穹总闪着亮丽的星星。最奇妙的是，在北极的天空中，还可以观赏到游移变幻的北极光奇景。极光自古就引起人们的注意。能够观察到极光真是眼福不浅。极光有不同的形状和颜色，有的极光像帐幔，有的像圆弧，有的呈带状，有的呈射线状。色彩更是多样，五彩缤纷的天空美丽极了。

北冰洋是一片白茫茫的冰的海洋，银色的世界，越接近极地冰层越厚，极点附近竟厚达30多米。试想一下，假如我们到了那个世界，被冰雪包围的我们该是怎样一种心情？

北冰洋海岸线曲折，岛屿众多，多边缘海。北冰洋流进大西洋时，往往携带许多冰山。这些冰山千奇百怪，形状各异，远远望去好像一座座玉山。景色虽美，但为祸不浅。这些冰山小的面积不足1平方千米，大的可达几平方千米，它们浩浩荡荡从海上漂来，常常给航行带来危险，造成沉船事故。

北冰洋包括中央盆地和巴伦支海、喀拉海、拉普帖夫海、东西伯利亚海、楚科奇海等边缘海，共约1400万平方千米，占北极总面积的2/3，平均水深1097米，最大水深5499米，其中中央盆地海表终年为冰雪覆盖。

北冰洋可能早在古生物代就已存在，而海水冰盖则形成于约70万年前，除了偶尔短时间地暴露出几个几千米宽的洞外，北极全年被冰覆盖着。然而，有的科学家说，北极曾是无冰海域。

斯德哥尔摩大学的居尼拉·加尔德认为，近7000年来，温暖的气候有好几次使北冰洋上的很大一部分冰融化。那覆盖北极海洋的冰将是地球变暖的牺牲品。

与大陆的冰相比，海洋的冰更容易受地球变暖的影响，这是因为海洋的冰比大陆的冰薄得多。俄罗斯一研究人员说，夏季平均温度如果升高4℃，冰可以在几年之内完全融化。

加尔德于1991年在北极中央处采集到的浅层沉积物中发现了石化了的海藻，又在比较深层的沉积物中发现了类似的化石。这表明在从128000年前到71000年前的整个时期，北极的冰出现了部分融化。其他的研究成果表明，在最近的那个结冰期期间，海平面的最大高度比今天的高几米，说明当时的最高温度比今天的高。另有持怀疑态度的人否定他的观点。还有科学家承认北极中部确实有海藻存在，但是数量比其他地区少得多。

绿色土地却不绿

"格陵兰",这个词的意思是"绿色的土地"。据说,大约在1000年前,有一些北欧的探险家从冰岛出发,驾着船在冰山漂浮的北大西洋上向西航行。一天,一名水手突然在白茫茫的冰山中发现了一片绿色地带,惊喜中不禁高呼:"格陵兰!"后来,这个娓娓动听的名字就一直沿用至今。然而,"绿色土地"格陵兰,实际上是一块不绿的"绿土"。

格陵兰岛位于北冰洋靠北美洲的一边,总面积217万多平方千米,约等于4个法国或是50个丹麦的面积,是世界上的第一大岛。由于它疆域辽阔,在地理上形成完全独立的一个地区,所以,有人把它叫作格陵兰次大陆。

格陵兰岛有4/5处在北极圈内。由于地处高纬度,终年严寒,长期的冰冻和风暴频繁,成为这里气候的特点。岛屿的中部,冬季最冷时气温可达-50℃以下,而在它的遥远的北方,气温则可达-70℃。格陵兰岛,到处是皑皑白雪和峥嵘的冰山,是一片银色的世界。人们常常把这里的冰叫作"万年冰"。这种冰含有气泡,放入杯中会发出轻轻的爆裂声,是人们喜爱的冷饮品。于是,"万年冰"就成了这里的重要出口物资。

岛上沿海地区有一狭长的无冰区,那里气候酷寒,干燥少雨,一片荒漠,有"北极撒哈拉"之称。西南沿海地带比较温暖,苔藓、地衣等苔原植物把地面染上一层淡淡的绿色;有的地方长有灌木丛和小片林地;短促的夏季里,这里也有鲜花盛开、候鸟群集、硕果累累的时候,呈现一派生机勃勃的景象。当年那个水手惊呼"格陵兰",就是因为看到了这一片绿色的缘故。

这里地广人稀，原土著居民是因纽特人。因纽特人曾被称作"爱斯基摩人"，这是北美洲印第安人对他们的称呼，意思是"吃生肉的人"。"因纽特"是因纽特人的自称，意思是"真实的人"。他们常年生活在寒冷的环境里，皮肤较黑，身体健壮，热情爽朗，殷勤好客；他们靠猎取海豹、海象、鲸和捕捞各种鱼类为生。

不少来此观光旅游、探险考察的人，都对这里的"真实的人"留下了极深的印象。

南北极冰山奇观

如果认为世界上所有的山都坐落在陆地上,那就大错而特错了。你见过冰山吗?它就是海上之山。海洋学家把漂浮在海洋上高出海面5米以上的形态各异的巨大冰块统称为冰山。如果你有幸到达北冰洋,就犹如到了冰山的世界。极目望去,那漂浮的冰山宛如一座座洁白晶莹的玉山,在阳光的照耀下,似珍珠,如宝石,令人眼花缭乱。那千姿百态的南极冰山奇观,也使世界各国的南极考察队员们大饱眼福!

据统计,北冰洋上的冰山常年保持4万座之余。这些冰山或从格陵兰岛东侧的格陵兰海南下,经丹麦海峡进入北大西洋;或从格陵兰岛西侧的巴芬湾南下,经戴维斯海峡随拉布拉多寒流带入北大西洋的航道。冰山重几何,体积有多大,说来令人惊叹不已。极区的冰山平均每座重达10万吨,有的甚至高达几百万吨以上。南大西洋漂浮的最大平顶状冰山的长度足有160千米以上。美国科学家曾在1956年观测到长333千米、宽96千米的特大冰山。这些大冰山通常可高出海平面几百米;有人曾在南大西洋的马尔维纳斯群岛附近观测到一座高出水面450米的冰山。

所有的冰都是淡的,南极的冰多于北极,所储蓄的淡水总量,约相当于其他各洲所有的湖泊、河流的淡水总量的200倍。

有趣的是,由于冰山沉入海中太深,水下海流的力量将大大超过水上的风力,故常常可看到冰山逆风而行的奇特现象。

冰山的"老家"在南极和北极。其中,南极大陆堪称世界上冰山的主要发祥地。由于南极地区气候极其寒冷,降水量大于蒸发量,所以这里的

降水实质上就是降雪。历经千万年不化的雪日积月累，压制成冰，最后形成所谓的大陆冰盖。据考证，当今南极大陆的冰盖远在3560万年前就已诞生，逐渐成长壮大，大约在560万年前已经达到今天的厚度和体积了。有一种冰川坡度不大，只在边缘处向外倾斜，长长的冰舌伸入海中，在海岸斜坡一带，冰体常发生裂隙；同时伸入海中的冰体受到海水浮力的顶托，会使冰体断裂，成为冰山。有时浮在海洋上的冰山和深入海中的冰舌相撞，把"舌尖"撞断，又形成新的冰山。冰山的形状主要有桌形和角形两种。整个南极大陆冰盖呈中突的盾状。当大陆冰川向四周扩展到大陆边缘时，便形成广阔的陆缘冰。这是一种一半着陆一半浮水的冰盖，一旦重力突然加大，那漂浮的部分便大块大块地断裂下来，形成平顶状，故称之为"桌状冰山"。它们大小不等，最大可长达100多千米，宽几十千米，在海面上随波逐流，东游西荡，自由自在地在海中游弋。有人统计，在南极大陆周围的海面上，通常有多达22万座自由冰山活动，而且大部分在南纬55°以南的广大海域，其北界也可到达南纬40°～45°。由于南极海域的水温低，冰山融化速度较慢，其寿命一般达5～6年，有的长寿冰山可一直游达热带海域。有的冰山体积较小，形态各异，典型的为险峻的山丘状或塔状，还有的酷似金字塔。在海上能观赏到如此多姿多彩的冰山，真如游历冰雪雕塑的世界，美不胜收。冰山固然迷人，但却给航行带来危险，这些在海上漂浮的冰山露出海面部分大约只有整个冰块体积的1/7。这些冰山是航海最危险的"敌人"，轮船遇到时要被迫停航，不小心还会发生碰撞事故。

北极掠影

地球上的南北两极是两个独特的地区，它们几乎在各个方面都是世界之极。那里一年到头寒风呼啸，冰天雪地，长年穿着一件白皑皑的外衣。多少年来，它们的遥远和险恶，它们的寒冷和荒凉，激起人们的好奇心和探险的兴趣。于是，那些勇敢者以自己的生命向极地挑战。他们的挑战，为人类提供了征服两极的基础。随着科学的不断发展，两极地区已经不是未知的、不可征服的谜，它们已经开始为人类所利用。

北极地区位于地球的顶部，是一个凹地，是与南极遥遥相对、截然相反的地域。地球顶部的凹痕便是北冰洋。

北半球最冷的地点之一——维尔霍扬斯克，1月份的平均温度为−59℃。雅库特族人像北极的土著人一样，具有抗冻、耐饿、不知疲

倦、不需要多睡觉的特别能力，在冰点以下的温度里，他们也可以在户外赤裸着身子躺下睡觉，身上只盖着所穿的衣服，身边燃一小堆柴火取暖。

北极地区一年四季不完全是冰天雪地，夏季也有短时间的壮美景色。因为时间短，这里的一花一草都十分珍贵。在满眼冰雪的世界里，这些小花鲜艳欲滴，给居住在极地的人无限的惊喜。

从北极地区树木线往北，直到北冰洋各海岸，苔原的广阔平原和荒泽，在北极的周围伸展开来，浩瀚无际。这是北极地区典型的陆地，既荒芜又富饶的奇异的生物带。夏季的苔原很湿，想要横越它是很艰苦的。苔原上的水池及小溪成为无数水鸟的筑巢处；苔原上的草地到处筑有陆生鸟类的巢窝，而下面则有旅鼠挖

的洞穴；一群群硕大的游牧动物徘徊通过其上；苔原上的湖泊及河流中有很多啃食多汁水生植物的麝鼠和捕食昆虫及其幼虫的鱼。这里还有无所不吃的动物——灰熊，还有幽灵般的猎手——白鸥鸺，旅鼠是它们主要的捕食对象。还有取食鸟蛋的狐狸、追捕北美驯鹿的狼。

苔原上的植物生长季节短，这迫使植物必须在霜冻之前加紧达到成熟期。黑鱼鳞松就生长在无掩蔽的丘陵坡上，冷风及干旱的袭击，使它贴着地面蔓延生长。北极柳树也是匍匐在地面生长，以适应北极地区的生活环境。生长在北极的动植物有一种保护生命的颜色。动物在无遮无掩的大地上生活，比在地球上其他任何地方都需要保护色，它们只有借改变颜色而融合于不同季节的周围环境，才能保障自身的生存。北极地区的野兔，通常很少大群活动，它们的颜色长年都是白色的。雪鼬又名雪貂、银鼠，与北极地区的其他鼬鼠属动物一样，冬季毛色白，夏季则是褐色的。变色雷鸟每年变两次颜色。南北流浪的驯鹿每年都要南北迁徙，那些罕见的大鹿群成为荒原上壮观的风景。

冬季，这一切丰富多彩的生命

活动全消失了，土地被冰覆盖着，一片凄凉。只在少数一些地区有黑色的麝香牛，从远处看常被人误以为是巨大滚圆的石头。虽然只有几小时的白昼，但皑皑白雪所反射的月光可提供足够的光亮。间或可以听到水池或是水溪的冰块破裂所发出的低沉的"隆隆"声。

在北极，严寒造成的结果和冰川破坏的遗迹到处可见，土地冻出的花样形成饼模般一格一格的形状，图案各式各样，有的成几何图形，有的像石头紧紧挤在一起，有的是一些细小的像花瓣样的碎石，还有的并成玫瑰花的图案，这些似神秘的符咒，又似古代建筑物的杰作，大自然的创作吸引着前来拜访的人们，给人们留下神秘的美感。曲折向前的河流蜿蜒流向远处，还有高出地面的冻胀丘及多种形状的地衣和寒漠上的奇花异卉，使这片土地充满了神奇的魅力。

对文明的人类来说，苔原是一个凄凉的地方。它那结冰的土地延伸到很远的地方，其上没有一棵树，常常又没有任何别种生物的标志来打破苔原的单调性。正因为如此，所以最早的探险家们把它称为"荒原"。当然，所谓凄凉只是一种错觉，这里充满了生命，植物生得密如地毯，动物群有时会密密地遮盖大片土地。对那些以苔原为家的少数印第安人及因纽特人来说，苔原是生命的源泉，而且是每一个人对自己家乡感到满足的源泉。

极光是极地特有的风光。极光呈现一种色彩华丽的弧光、光芒、光带、光斑，最常见的是在黑暗的天空中呈现飘动的光幔如五光十色的帐幔从天上挂下来，天与地只隔着一道帘。有时极光是各种形状，如不同色彩的山峦玉阁，谁的画笔也难以画出这壮丽的景色。虽然所有北方居民对极光有各种各样富于幻想的解释，但我们现在知道，极光是带电粒子受到太阳光照射后在加速运动的情况下撞击电离层的稀薄气体而引起的现象。

北极地区的气温要比南极温和得多，而且对生物的威胁也没有南极那么大。北极冬季的气温是够冷的，在许多地方气温经常在-60℃，但是，在北极附近积水的下面则是一片宁静的海洋。那里海拔高度也比较低。到了夏季，这一段短短的温暖时期，生命在北极地区获得生长发展机会，夏季的这一热量以及融雪时所释放的水分，使得北极地区能够令人惊奇地生长着各种各样的植被。除生长有多种苔藓、地衣以及海藻之外，还有数以百计的有花植物。

从空中望下去，北极地区的大部分都像是一个正在被创造的新世界。在大冰层融化的地方，土地布满了巨砾及为数众多的江河、沼泽、湖泊。当气候变暖，植被便渗入此一无冰地区，盖在新的土壤上。北极的大部分地区都是永久性冻土，冻土层深达488米。沿海岸附近的永久冻土最浅，而内陆的大片开阔地则最深，而且那里气温最冷。在夏季期间，永久冻土层的地表解冻，植物也就在这潮湿的顶层中扎根生长。尽管可让生物生长的范围很小，然而在北极短短的夏季期间，微小的有花植物还是布满这些地方，争开各种颜色的花朵。

但是，地面下的永久冻土层使得北极土地的整个面很不稳定。在整个北极的边缘地区，树木只能往地下伸出浅浅的根，永久冻土表面融化，使这些树木倾斜生长，一会儿侧向这边，一会儿又侧向另一边，好像一个喝醉酒的人，站立不稳，有的甚至半躺在山坡上。科学家称此种奇妙的景象为"醉林"。

目前，极地是地球上仅存的未被开发的地区，它们仍旧对人类知识提出挑战。由于科学技术的发展，北极地区已成为大量供应石油及天然气的基地。而到未来，南北两极有可能被利用来生产食物及矿物，以支持地球上不断增长的人口的生活需要。现代文明的进入，已经破坏了那里人们古老的、简单的自然文化，他们享受了现代物质的方便，同时也失去了生活乐趣。

冰岛奇观

冰岛位于大西洋北部，从地图上看，就像一只庞大的水母攀附在北极圈的边缘。

冰岛的历史要追溯到8世纪末，那时爱尔兰人和挪威人开始移居冰岛。1918年独立，1944年成立冰岛共和国。

冰岛接近北极，国名冠以"冰"字，因此人们往往把冰岛与严寒联系起来。其实，冰岛并不像想象的那样寒冷，有些地方还出人意料地四季如春。冰岛的高山有常年积雪和多年冰川，而平原却冬暖夏凉。这是因为冰岛有200多座火山，是世界上火山最活跃的地区之一。冰岛最大的赫克拉火山，在过去的9个世纪中，已爆发了20多次。1947年3月爆发的那一次，竟延续了13个月之久。

冰岛约有13%的面积被冰川所覆盖，大小冰原和冰山有20多个。白茫茫的冰川与烟云缭绕的火山相映，构成冰与火的绝妙风光。冰岛温泉众多，大大小小的温泉星罗棋布地散落各处，总数有1000多个。在喷泉丛中，有一个最引人注目的喷泉也算最大的了，它就是著名的间歇喷泉。

冰岛首都雷克雅维克，位于西南部的法克萨湾。"雷克雅维克"，冰岛语为"冒烟的海湾"。9世纪时，首批来此的北欧人，望见此处有白烟，以为是有人烟的地方，便称之为"冒烟的海湾"。其实，这里因多硫黄喷气孔和温泉，远望水汽如烟，并非"人烟"，但是，这一名字却沿用下来。由于充分利用了地热和温泉，雷克雅维克很难见到烟气，这里是一座异常洁净的无烟城市。

雷克雅维克的主要建筑物都建在美丽的雷克雅维克湖周围。湖水澄清，野禽嬉戏，水中倒映着小巧玲珑的建筑物，美如图画。在雷克雅维克东，有一个面积约80平方千米的湖泊，这就是冰岛最大的议会湖风景区。这里的山谷平川直径十多千米，有碧绿的湖水，环抱的群山，漂亮的别墅，飞流的瀑布，构成了迷人的景色。著名的古议会会场就在附近的一条峡谷中。

阿库雷里是位于北极圈边缘的城市，背靠海上雪山，面临碧湖，人们称它为冰岛北部的"雅典"。

阿库雷里是一座有百年历史的港口城市，也是冰岛著名的渔业、工业中心，还是北方的旅游中心。

这里的植物园是地球最北的植物园，园内种植着2000多种花草树木，十分难得。因此，阿库雷里被誉为"北极圈边花园城"。

最吸引人的还是附近富有神秘色彩的米瓦登湖区。米瓦登湖是冰岛第五大湖。湖中有奇形怪状的熔岩岛，丰富的鳟鱼资源，还有数以万计的野禽。在湖的周围，有冰岛最大的火山口，奇形怪状的熔岩林及温泉、热气田等景观。

这些都是其他国家难得一见的景观，因而吸引着成千上万的游客来这里观光旅游，以大饱眼福。

俗话说"水火不相容"。然而，冰岛上却有着冰与火的协奏曲，它们和谐地在一起，使冰岛获得了"冰与火之岛"的称号。

岛国拾趣

畜牧之国——太平洋西部的新西兰，是个畜牧业发达的岛国。畜牧业是这个国家经济的主要支柱，牧业土地占全国土地面积的1/2。畜牧业的机械化程度很高，畜产品出口值占出口总值的70%以上。全国养羊6000万只，牛1000万头(其中奶牛200多万头)，平均每人20只羊，3头牛。牛肉和奶油出口均居世界前列，被人们称为"畜牧之国"。

世界鳄鱼之都——大洋洲的岛国巴布亚新几内亚，气候湿润，多沼泽地带，非常适合于鳄鱼的生长繁殖。该国的鳄鱼养殖业极为发达，全国有300多个大、中、小型鳄鱼养殖场，饲养鳄鱼近两万条；另外，猎人还可以从沼泽地区捕获大量的野生鳄鱼。巴布亚新几内亚每年输出的鳄鱼皮达5万张，因此享有"世界鳄鱼之都"的盛名。

胖子的王国——南太平洋的岛国汤加王国，不论男女，都以胖为美，越是漂亮的女子，必须越肥胖。有些细腰的不够肥的女子，为了掩盖自己的缺陷，想方设法用布裹腰。据统计，这里的男子平均身高1.81米，体重81.72千克；女子平均身高1.67米，体重72.4千克。汤加的国王是全国最胖的人，体重为199.76千克。因此，汤加被称为"胖子的王国"。

长寿之国——南太平洋上的岛国斐济，全国有人口68.6万。令人惊奇的是，这个国家至今没有发现得癌症的。据说，这是因为斐济人有吃杏干的习惯，杏干里含有丰富的维生素B，正是这种维生素B发挥了抗癌作用。由于斐济人不得癌症，所以人民的平均寿命很高，素有"长寿之国"的称号。

绿宝石岛——爱尔兰是西欧的

岛国。由于受西风和北大西洋暖流的影响，冬季温和多雾，夏季凉爽，全年雨水比较均匀。这种气候不利于农作物的成熟，但却有利于多汁牧草的生长。爱尔兰全国80%的国土是草地，遍地碧草如茵，常年翠绿。无论从什么地方跨上这个国家的土地，人们见到的总是一片绿色。因此，人们给它起了一个美丽的称号——"绿宝石岛"。

泉水之岛——西印度群岛中的牙买加，由于大气降水和石灰岩地质构造的巧妙配合，地下水资源特别丰富，全境几乎到处都有淙淙的泉水，被称为"泉水之岛"。最多的是淡水泉，含有多种矿物成分，具有医疗的功效。牙买加的国名来源于当地最早的居民印第安人阿拉瓦克族的语言，意思也是"泉水之岛"。

香料之岛——西印度群岛中的格林纳达，气候条件优越，土壤肥沃，盛产各种热带作物。其中肉豆蔻（一种木本香料作物，所产的种子和假种皮中含有浓烈的芳香）产量占世界总量的三分之一左右，是世界上最大的肉豆蔻产地。所以格林纳达人民把自己的国家叫作"香料之岛"。

幸运之岛——特立尼达和多巴哥是西印度群岛东南端的岛国。每年6~11月间，是加勒比海地区的飓风季节。这种风来自加勒比海以东的大西洋，风力常达12级，对加勒比海地区各岛造成巨大的自然灾害。飓风自东向西，进入加勒比海地区，最后到达中美尼加拉瓜海岸，然后进入墨西哥湾。特立尼达和多巴哥由于位置偏南，离开了飓风的路径，受飓风侵袭较少，所以特立尼达和多巴哥有"幸运之岛"的称号。

飞鱼之国——西印度群岛最东端的巴巴多斯沿海一带，有许多珊瑚礁，是飞鱼最活跃的地方。渔民们每天出海，主要是捕捉飞鱼。在巴巴多斯，厨师多是烹饪飞鱼的能手，用飞鱼制成的菜是巴巴多斯的名菜之一。因此，巴巴多斯有"飞鱼之国"之称。

世界糖罐——西印度群岛中的古巴，面积不大，却是世界上生产蔗糖的主要国家，年产量一般在600万吨左右，最高年产量可达850万吨，差不多平均每人1吨糖，是世界上按人口平均产糖最多的国家。所以古巴有"糖国"的称号。古巴生产的蔗糖主要向国外输出，是世界出口蔗糖最多的国家。因此，古巴又有"世界糖罐"的称号。

无土之邦——太平洋西部赤道附近的瑙鲁，面积仅有22平方千米，盛产磷酸盐。该国遍地是磷酸盐矿藏，没有土壤，不能从事耕种，食物依靠进口，被称为"无土之邦"。瑙鲁人出口磷酸盐，进口"土"，把土填在废弃的矿坑里，以造成土地，种植食物。

另外还有北美洲加拿大东岸的小岛"世百尔"，是个有名的"磁岛"。没有任何花草树木，没有动物，只有磁铁矿。当轮船驶近，仪表就会失灵，甚至会被小岛吸去，触礁沉没；印度洋塞舌尔群岛中的"蛋岛"，面积只有40公顷，每年夏季都有海燕成群飞来，配偶、产蛋、繁殖，有一年曾产蛋4165000只，岛上居民甚少，以拣蛋为生，在国际市场上享有盛名；欧洲芬兰有一名叫晋郎格尼的"火岛"，因岛四周的海草被巨浪冲到岸上，日久腐烂，产生大量沼气，时不时遇上火种，就遍岛燃烧。

至于"千岛之国""万岛之国"，也很多。岛屿最多的要数印度尼西亚，有13677个；其次是菲律宾，有7107个；再次是英国，有5000多个；古巴有4000多个；日本有3000多个；不一而足。

我国作为一个海洋大国，从领土的构成来说，也是"千岛之国"，有6000多个岛屿，其中仅舟山群岛就有大小岛屿1339个，堪称"千岛之市"。

通往大西洋的咽喉
——直布罗陀海峡

直布罗陀海峡位于西班牙最南端和摩洛哥最北端之间，是沟通地中海与大西洋的唯一通道。它得名于北岸的直布罗陀港，又源于阿拉伯军官塔里克征讨西班牙的一段故事。远在公元711年，阿拉伯军官塔里克率领穆斯林陆海大军7000多人，跨过直布罗陀海峡，直抵直布罗陀港。他在一座岩壁面前高举战刀说："英雄们，前有强敌，背临大海，与其溺死，不如阵亡！"7000人背水一战，获得胜利。塔里克为保卫北非的通道，下令在直布罗陀半岛的南端，高达426米的石灰岩山头上建筑了城堡。为了纪念这次渡海作战的胜利，阿拉伯人便把塔里克登陆后建筑的军事要塞称为"直布尔·塔里克"，阿拉伯语是塔里克山的意思，欧洲人英译为"直布罗陀"。

直布罗陀海峡是地中海通往大西洋的"咽喉"和纽带。这条海峡成为世界海上船舰往来最繁忙的通道之一。直布罗陀海峡不仅是欧非之间联系的通道，而且是许多大自然奇观的发生地。1804年曾有一股来自北非的龙卷风，把摩洛哥一个小麦仓库卷上天，西班牙南部像是降下一场"小麦雨"。据说，这次龙卷风渡过直布罗陀海峡时，海里的水柱高达千米，水柱之下的船只消失得无影无踪。

直布罗陀海峡是地中海地区著名的风口之一，每次大风来临，时速可达120千米以上。海水受风力吹扬，常常形成惊涛骇浪。骇浪来临之时，横扫一切，浊浪排空，飞沙走石，大海狂怒地吼叫着，让人望而生畏。但

大海更多的时候是温柔的。

　　直布罗陀是个典型的南欧城市，城里有古代城堡的遗址，有大教堂和修道院。半岛南端有一条仅能通过一辆汽车的海堤。这里气候温暖，阳光充足。在风和日丽的日子里，海峡犹如一泓池水，显得异常平静。人们在海上泛舟观光，享受幽静的美景。

　　在直布罗陀海峡北岸除直布罗陀港外，还有阿尔黑西拉斯港。在南岸则有位于西口的丹吉尔港。这些港都建有灯塔，一南一北，隔峡相望，犹如大自然天设地造的一对眼睛，夜以继日地注视着海峡的风云变幻。

　　阿尔黑西拉斯港，扼直布罗陀海峡北岸，地势背山面海，是西班牙濒临海峡通道最重要和最大的港口，也是地中海到大西洋航路上最大的补给站。"阿尔黑西拉斯"，在阿拉伯语中意为"绿色之岛"。休达，阿拉伯语叫塞卜泰，位于摩洛哥西北部的一个海角上。城市依山而建，海滩的外围是陡峻的山崖，南面是高为194米的艾乔山，地势险要，一向是兵家争夺之地。丹吉尔，位于摩洛哥的西北端，隔直布罗陀海峡与西班牙相望，扼大西洋入地中海的要道。它是一个古老的城市，为腓尼基人所建。这座古城在战争的沧桑中留下许多伊斯兰的遗迹。在著名的梅迪纳老区内，有早期的苏丹王宫。宫中的御座大厅和豪华的客厅迄今保存完整。大索科广场附近，有举世闻名的西迪·布阿比德清真寺，塔顶用彩陶砌盖，堪称出色的艺术珍品。丹吉尔还有一条首饰匠街，琳琅满目的商店陈列着的金银饰品让人眼花缭乱，为古城增加了绚丽的色彩。

麦哲伦海峡探秘

麦哲伦海峡位于南美洲南端，东连大西洋，西通太平洋，是沟通大西洋和南太平洋的重要航道。

麦哲伦海峡是因地壳断裂沉降作用而造成的。多样的冰蚀地形、延伸很长的峡湾、支离破碎的海岸、连绵不断的岛屿，是这一地区的显著特点。麦哲伦海峡两岸具有雨多、风大、低温等气候特点。这里的大风暴是闻名于世的，从海峡西部到美洲最南端的合恩角附近海面，经常掀起数十米高的大浪。

海峡分为景色不同的东西两部分。海峡的西段，曲折狭窄，两岸岩壁陡峻，高耸入云，水道弯曲，时宽时窄；在寒冷的冬季，经常会有碎块崩落在海峡中，给来往的船只造成严重的威胁。据一探险家和航海家目睹，这里的冰川比阿尔卑斯山上的最大冰川还大。有些掩衬在海峡沿岸的冰壁，常常有碎块崩落在海水中，发出雷鸣般的巨响。卡奔达所写《游记》中对这段海峡和沿岸风光作了生动的描绘："我们前进着的时候，这条水路忽而变阔，忽而又变窄了。有时我们落在一个被戴着雪帽的群山所围绕的湖水上，有时又驶进一条溪涧中，而接着又到了一条为山城所围绕的深渺的峡江，苔绿色的岸上布满了白雪，高出水面一千米，黑色的海水，也深至一千米。我们举目一看，只见阳光散射在港湾中，而将江色变为金色。它同时又在白雪中散布了一层金色。上边高挂着一条巨大的冰川，辉映着一座雪白的高山的参差错落的山腰。阳光照耀着她，使她在银色的背景中成为一条翡翠的河床。"

海峡的东段，比较宽阔，两岸绿草如茵、牛羊成群，一片草原风光。现在，这里仍然是海峡沿岸各国重要的畜牧业基地。

麦哲伦海峡虽然以曲折幽深、风大雾多著称于世，尽管给舰船航行设置了许多障碍，但与绕道南美洲南端合恩角的航线相比，不仅缩短了近千里的航程，而且还算是较为安全的航段。然而，麦哲伦海峡航道的重要性并不是很快被航海者所认识的。其中有的船只按麦哲伦的航行路线，安全地绕过了美洲大陆，而有的船队没有走麦哲伦海峡，结果在美洲的合恩角遇难。艰险的合恩角被称为"航船的坟场"。据不完全统计，从17世纪至19世纪中期，已有近500艘船沉没，20000余人死于南美洲最南端。

南美洲的南端数百千米长的海岸均是峭壁悬崖，洋面上散乱地屹立着一块块冲积堆，这是南美大陆山地急流挟带的砾石沉积物。另外，这里还有大批峭壁千仞的岩礁，如果再加上终年存在的大雾、暴雨、雪糁、冰雹，这里堪称一片"混沌的世界"。这真是一条艰难的旅程，除了茫茫一片的大海，就是茫茫一片的天空，还有暴雨、冰雹等；狂怒的大海猛烈地拍击着航船，海底的暗礁张着令人

恐怖的大口；人们要在混沌里把握方向，这不仅需要勇气，还要有技术与经验。

当人们真正了解了南美洲合恩角的真面目，绕行南美洲航线的危险性和穿越麦哲伦海峡的优越性之后，人们才明晰地认识到，麦哲伦海峡是一条用生命换来的伟大航线。

当年，麦哲伦率领船队通过海峡时，看到南岸上到处是篝火，他们便称这外岛叫火焰岛，现在一般译为火地岛。岛上生活着纯朴的印第安人，欧洲殖民者入侵后，他们惨遭杀害。19世纪初，岛上有一万多印第安人，由于殖民者的屠杀，人口急剧减少。一位美国医生目睹了当时的情景，他

写道：当他们乘船通过麦哲伦海峡时，看到灰色植物覆盖着岩石岛屿，看到巨大的冰川在黑色的花岗岩中闪闪发光。船长回忆往事说，过去岛上每家住处，不分冬天夏天，总是生着篝火。殖民者入侵后，到处是殖民者的枪声。

火地岛首府乌斯怀亚位于比格尔火道北部边缘的凹陷处。在印第安语中，乌斯怀亚的意思是观赏落日的海湾。在这里观赏落日，天水茫茫，云霞与海蓝共锦，美不胜收。而这里的三种风味：羊肉、兔肉和蟹肉，更为游客们所欢迎，独特的自然风光和鲜美的佳肴，吸引着世界各地的人士前来旅游。

水上走廊——曼德海峡一瞥

在阿拉伯半岛西南端和非洲大陆之间的曼德海峡，呈西北——东南走向，向南经亚丁湾通印度洋和太平洋，往北经红海，出苏伊士运河达地中海和大西洋，被称为连接欧、亚、非三大洲的"水上走廊"。

曼德海峡有一个让人伤心的名字，在阿拉伯语中称"巴布·厄耳·曼德"。"巴布"是"门"的意思，"曼德"是"流泪"的意思，合起来即是"泪之门"，或是"伤心门"。曼德海峡地区有许多岛屿和非常危险的暗礁，加上风力强劲，古时在此航行的船中多有舟覆人亡的灾难发生，所以，每当峡门在望，人们不免心惊胆寒。由于浪涛拍岸，发出一种很恐怖的声音，叫人毛骨悚然，骇然泪下，海峡由此而得名。

曼德海峡入口处有几个小岛，其中比较大的是丕林岛。它把曼德海峡一分为二，东边的一条仅3.2千米，水深30米，称为小峡，是从红海出入印度洋的主要航道；西边称为大峡，因暗礁险滩甚多，不便通航。此外，还有一群小岛，逼近非洲大陆海岸。这里的岛屿和暗礁影响船舰通航，人们把丕林岛周围海域叫作"死亡之海"。

曼德海峡两侧有3个国家：也门民主人民共和国、阿拉伯也门共和国和吉布提共和国。这些国家地处热带，终年高温，炎热少雨，属于热带沙漠气候，是世界上最暖的热带海域之一。三个国家都由高原构成，沿岸只有狭小的平原，大部分土地为沙漠和半沙漠所覆盖。

曼德海峡礁多滩险，海岸陡直，使两岸缺少优良港口。位于峡口上的丕林岛是海峡的天然良港，因战略地位的重要和航运需要，从1883年起就成为重要的船只燃料补给站，后又成为海底电缆的中继站。岛上建有飞机场，成为军事要地。在海峡外有两个驰名世界的港口，一个是也门共和国的首都亚丁湾，它已成为世界上第二个规模巨大的加油港。另一个是吉布提港，它是吉布提共和国的首都。吉布提在阿拉伯语中意为"我的锅"。有意思的是，吉布提的地形真像是一口锅。这里地处火山口，地壳不稳固，因此不能建高层建筑。全市均为阿拉伯式二层小楼和别墅，色彩鲜明，别具一格。

马六甲海峡奇观

在东南亚马来半岛和印度尼西亚的苏门答腊岛之间，有一条连接南海和安达曼海的狭长水道，这就是马六甲海峡。它是世界洋航路的中心之一。西方国家所需进口的50%的石油和80%的其他战略物资必须通过这里运输。因此，马六甲海峡在经济上和军事上的战略地位非常重要。

马六甲海峡地处赤道无风带，西南岸又有苏门答腊岛为屏障，全年大部分时间风力较弱。虽有猛烈的暴风雨影响视线，但一般在十几分钟后就雨过天晴，对船舰的行驶阻碍不大。人们说，这是个风平浪静的航行海峡。但美中不足的是，由于海峡宽度较窄，又有一些浅滩和沙洲，不便巨型油轮航行。载重20万吨以上的油船只好绕道印度尼西亚的巴厘岛与龙目岛之间的龙目海峡，这比经马六甲海峡要多航行2000多千米。尤其值

得注意的是，两岸泥沙不断向海峡内堆积。有人估计，在今后的1000年内，马来半岛可能与苏门答腊岛连接起来，使马六甲海峡从地球上消失。人们不会让这条重要的海路消失，所以，疏通峡道是今后艰巨的工作。

马六甲海峡因临近马来半岛南岸的古代名城马六甲而得名。1459年，以马六甲(当时称满刺加)为中心的满刺加王国基本上统一了马来半岛，成为强大的王国，马六甲城也迅速发展起来。据记载，到15世纪末，马六甲城比威尼斯、亚历山大和热那亚等著名城市还要繁华。

位于马来半岛南端的新加坡，好似一头"坐狮"，扼守着太平洋和印度洋之间的咽喉要道。新加坡港是世界天然良港之一，随着马六甲海峡航运事业的发展而繁荣起来的新加坡港，不仅是东南亚最大的海港，也是

仅次于鹿特丹、纽约和横滨的世界上第四个吞吐量最大的港口。新加坡是以港口而发展起来的现代化城市，这里街道纵横，美丽清洁，四季花卉争妍，绿草如茵，每年有大量的国际游客前来这个花园般的城市参观游览，增加了这个城市的国际色彩。

马六甲海峡地处赤道雨林气温带，年平均气温在25℃以上，雨量较充沛；沿岸遍布着热带丛林，一些常绿树高达40～60米；树干上缠绕着许多类似绳索的攀缘植物，从一棵树伸到另一棵树。这些热带森林，为两岸国家提供了丰富的林木资源。马来半岛是世界天然橡胶的主要产地。橡胶树原大量生长在巴西的柏拉地区，故又称柏拉树。马来半岛的橡胶经100多年的发展，产量和出口量占世界第一位。马六甲海峡西北端的槟榔屿被旅游者称为"东方明珠"。槟榔屿大桥连接槟榔屿和马来西亚本土，人们走在桥上向远处眺望，蓝天绿水，海岛人家，美感油然而生。

马六甲海峡在历史的进程中饱经沧桑。现在，它以繁忙的交通，富饶的物产，美丽的景色给沿岸人民带来富足和享受。

黑海海峡漫步

在地中海中部，有一片向北突出的内海，其西边是巴尔干半岛，东边是小亚细亚半岛，中间是被两个半岛环抱的爱琴海。在爱琴海东北隅有一条狭长的水道，穿过土耳其西北部领土与黑海相通，这就是土耳其海峡，也叫黑海海峡。

土耳其海峡呈东北——西南走向，贯穿于土耳其领土的亚洲部分与欧洲部分之间，是黑海的唯一出海口，是连接欧亚大陆两大洲和黑海与地中海的海陆交通要冲。

土耳其海峡全长370多千米，由三部分组成：自东北向西南为博斯普鲁斯海峡、马尔马拉海峡和达达尼尔海峡。

地球上有上千个大小不等的海峡，但是，其中既是战略要冲又是游览胜地的，为数并不多。博斯普鲁斯海峡是颇具盛名的一个。博斯普

鲁斯海峡峡道弯曲，水流湍急，两岸由坚硬的花岗岩和片麻岩构成，不易被侵蚀，岩壁陡峭，林木茂密，形势险要。关于博斯普鲁斯海峡的得名，有一段美妙的传说。"博斯普鲁斯"是"牛渡"的意思。据希腊神话故事记载，万神之王宙斯，曾变成一头不平凡的神牛，驮着一位美丽的人间公主，成功泅渡这条波涛汹涌的海峡。以后，希腊人便称这条海峡为博斯普鲁斯海峡了。

博斯普鲁斯海峡平均水深为50米左右，最宽处位于北面第一弯道处，达1.9海里，最狭处在第二座大桥处，为0.45海里。博斯普鲁斯海峡把亚欧大陆分开，把黑海和达达尼海连接起来，把土耳其共和国和伊斯坦布尔市劈为亚欧两部分。

达达尼尔海峡，土耳其人称为恰纳卡莱海峡。古希腊占领这里后，称"赫勒斯庞托斯"，包含"希腊海的意思"。后来，特洛伊人同希腊人血战，取得胜利，在东岸建立国都，其国王名曰"达达诺斯"。"达达尼尔"就是由国王名字演变来的。

海峡地区基本属于地中海气候，夏季炎热、干燥，冬季降水较多。

博斯普鲁斯海峡里船只穿梭，十分繁忙。海峡东侧是亚洲，这里的沿岸，工厂林立，高低错落，向亚洲内陆延伸着。在欧洲的一侧，沿岸架设的高速公路，把一座座欧洲式别墅和现代化建筑连成一体。入夜时，两岸的灯火如繁星般闪烁，与来往船舶上的灯光相辉映，倒影在海峡之中，使海峡飞光流影，光彩夺目。

举世闻名的伊斯坦布尔大桥凌空飞架，高高耸立于海峡之上，把欧亚大陆连在一起。桥长1700多米，高70多米，相当于黄浦江上的南浦大桥的2倍。两岸基岩上的两座桥墩，高耸入云，桥面飞吊在海上，气势宏伟。桥上有6条机动车道，来往的车辆穿梭飞驰。夜晚，桥上的路灯和车灯汇成一条游动的彩虹。在伊斯坦布尔大桥北侧两千米外，另一座欧亚大桥法廷斯恩塔米大桥也已起用，它宏伟壮观的气势可与伊斯坦布尔大桥相媲美。

航行在海峡中间，左侧是亚洲，右侧是欧洲，从左舷到右舷就是从亚洲进入欧洲了。假如船正航行在亚欧之间，人就是一脚在亚洲一脚在欧洲。

伊斯坦布尔是世界历史名城，是一座横跨欧亚两洲的城市，这是世界上独一无二的。海峡两岸有许多不同风格的房屋依山傍海，红瓦白墙，交相错落，既有奥斯曼帝国时期的古老建筑，也有现代的摩天大楼；既有富丽堂皇的宫殿和风景优美的园林，也有高耸入云的尖塔，构成一幅充满诗情画意的图景。

伊斯坦布尔古称拜占庭，因半神话式的人物拜占庭而得名。由于它的地理位置重要，成为历代王朝必争之地。公元330年成为古罗马帝国的新都，由君士坦丁大帝亲自划定，大兴土木，经6年时间，新城落成，用罗马皇帝的名字改为君士坦丁堡。它最初建在博斯普鲁斯海角的7座山丘上，主要包括30座宏伟的宫殿和教堂，以及4000多座戏院、跑马场及其他建筑物。古希腊特尔斐城的青铜柱，罗马阿波罗神庙的大柱，埃及30多米高的方尖碑等世界艺术珍品，都成为君士坦丁堡的装饰物。

公元395年，君士坦丁堡成为东罗马帝国，即拜占庭帝国的京都。当时人们称它为"城中之城""宇宙的眼睛"。其中圣·索菲亚教堂外观之宏伟、内部装饰之精美富丽，都超过了耶路撒冷最大的教堂，被称为拜占庭帝国建筑的艺术高峰。但是，君士坦丁堡的财富吸引了侵略者，1204年，它遭到十字军洗劫。

公元1457年，奥斯曼帝国穆罕默德二世攻占了它，并将首都迁到这里，改名为"伊斯坦布尔"，这是土耳其人根据古希腊语"我进城去"的变音。从此，伊斯坦布尔就成了土耳其的政治、交通、贸易和文化中心。

2000多年的历史，给这座古城留下许多丰富多彩的文物古迹。半塌的古拜占庭城堡的城墙，几百座清真寺院，托普卡帕博物馆等古老的建筑和现代化建筑，给伊斯坦布尔增添了独特的风采。在伊斯坦布尔乘坐游艇观赏海峡景色，海风拂面，碧波荡漾，十分迷人。到了夜晚，华灯齐放，宛如横空拉起的一串串明珠。

迷人的哥本哈根

哥本哈根是丹麦的首都。位于丹麦406个岛屿中最大的一个岛——西兰岛的东岸和阿玛格小岛的北部，临厄勒海峡，与海洋结成一体。全城的一边缘或每条街的尽头都与水相连。它是北欧最大的城市和重要的交通枢纽，有轮船通瑞典港口马尔默。同时，它是丹麦政治、经济、文化的中心，也是最大的军港和自由港。

在8～11世纪的北欧海盗时代，哥本哈根还是一个小渔村。1167年，一位刚强不屈的教士阿布塞伦主教在哈根建造了一座城堡，用很高的壁垒把这个村子围起来，以防范海盗的掠劫，名"哥本哈根"，意为"商人之港"。一个城市从此诞生了。

1443年，欧洲一个古老的君主的后裔把朝廷迁到哥本哈根，该城便成了强大的北欧帝国的中心。这帝国在不同的时期曾包括挪威、瑞典的大部分和德国的北部省份，并控制了波罗的海。可是几百年中无休无止的战争渐渐削弱了丹麦的力量。1807年，由于丹麦人亲近拿破仑，一支英国舰队连续3天炮轰了哥本哈根，使这座城市几乎夷为一片废墟。幸免于难的一些主要建筑物大部分是丹麦"太阳王"克里斯琴四世时期建造的。这位很有文化素养的君主除了把哥本哈根的面积扩大了一倍外，还下令建造了现在存放着王室珠宝的罗森堡宫、由4条盘绕在一起的龙尾构成的绿色铜尖顶的证券交易所和用作天文台的33.5米高的圆塔。这些都是举世公认的建筑杰作。阿玛连堡宫也是无比非凡，这座八角形的圆石建筑，四面都有精美别致的图案，无论从哪个方向看都一样，而且圆柱的雕刻精巧细腻，人物别具情态，使这座王宫成为雄伟壮丽，引人入胜的华丽所在。

早上，放眼港区，太阳从大海中飞升起来，把哥本哈根港照得金

是最大的港口。它水深港阔，设备优良，是水陆运输的枢纽，也是世界有名的一大良港。每年出入港口的船只达36000艘以上。丹麦一半以上的对外贸易都经由这里进出。

哥本哈根的市政管理很好。市政当局禁止在市民区兴建高层建筑物，极力保持哥本哈根的传统风格和风貌。同时，城市的设计者将那些残旧的建筑物拆掉，兴建了一幢幢阳光充足的新公寓和更多的园林绿地。现在，哥本哈根市民居住条件比世界上其他城市的居民要优越得多，环境优美得多。

哥本哈根的市民对他们居住的城市感到无比自豪。在饭店的旅行指南上这样写着："到了别的国家再忙着去睡觉吧！"意思是说，哥本哈根有看不完的名胜古迹，它让人不能睡觉也不想睡觉。

漫步在哥本哈根整洁的街头，市内新兴的大工业企业和中世纪古老的建筑嵯峨参差，多姿多彩。这既有现代化城市的风姿，又有古色古香的特色，还有安徒生描绘过的那种小屋，更把人带到童话般的境界。

那座闻名遐迩的蒂奥利游乐园就

光闪闪；宽阔的码头旁边整齐地停泊着一艘艘大型货轮；信号塔上不时地升起红绿色的信号，进出港口的船只在平静的海面上激起一道道白色的浪花。在总长500多米的集装箱码头上，仓库的露天货场星罗棋布，铁路专用线密如蛛网，满载货物的火车、汽车、电动车往来穿梭，不停地忙碌着。入夜，码头上的探照灯、电灯和轮船上的信号灯齐放光彩，海面上五彩缤纷，整个码头成为一个美丽的不夜城。

丹麦本土面积只是法国的二分之一，但它的海岸线总长却超过法国的两倍。在全国近500个岛屿中有100多个岛屿有人居住；星罗棋布的列岛之间，各种船只往来畅通无阻。在整个丹麦有大小港口67座，其中哥本哈根坐落在市中心，占地3.2万平方米。这里花木繁茂，步入公园如同步入现实的神话中。阿里巴巴清真寺，红墙绿瓦的中国式庙宇和宝塔，掩映在苍翠的树丛之中。在从哥本哈根到西兰岛北部的旅途上，可以看到许多古代的宫堡，它们或矗立在湖滨被森林包围着，或是被海水所环绕，婀娜多姿，各具风格。其中最著名的是克伦堡。它在哥本哈根市北面30千米的海滨上，建筑在伸进海里的一个半岛上。它原是古代一个军事要塞，是几百年来一直守卫着这座古城的前哨，至今还保存着当时建造的炮台和兵器。登上宫墙，对岸瑞典的赫尔辛基依稀可见。莎士比亚的名剧"哈姆雷特"就是以克伦堡为背景写的。宫堡的墙上还嵌有纪念莎士比亚的一块刻石。

世界上有许多城市都有宏伟的象征性的建筑物，哥本哈根的象征就是那个小小的铜雕"美人鱼"。她是一个普通的少女，羞怯地坐在那里，若有所思地望着大海，脸上露出甜蜜的笑意。"美人鱼"的完美艺术形象和安徒生童话的魅力，吸引着成千上万的游客。他们总在"美人鱼"前停下来，看一看她的风采，与她合影留念。

哥本哈根是一座舒适迷人的城市，它既有巴黎的雍容华贵，世界大都市的庄严雄伟，又有古老的情调和诗情画意，整洁、繁荣，却不露浮华和喧嚣。

这是一座让人着迷的城市，一个有诗意的海港。

以色列海底村庄揭秘

8000年前，地球上由于气候变暖，冰川融化，海水上升，使地中海沿岸一个美丽富饶的村庄淹没在12米深的海底。这个村庄位于以色列雅法市以南16千米的海底。它曾坐落在海岸上，由天然海湾保护，利用淡水河流养育村民和牛、羊。近几年来，这个保存完好的新石器时代的海底村庄遗址对人们产生了极大的吸引力。以色列考古学家正在努力揭示它的历史。

这个海底村庄经过8000年海水和泥沙的冲击，今日依然保存完好。在那里沉睡着十几幢石头房子，还有水井和做饭用的炉子。在当年遇难者的遗骨旁边，摆有骨制碗、骨制刀、骨制箭和吃剩的鱼骨，活生生地再现了8000年前人们还没有学会使用陶器和使用文字时的生活情况。

考古学家还发现，一具遗骨生前曾患严重的关节炎，他难以站立，只好坐着用牙齿编织渔网。另一具遗骨表明，遇难者曾因划船劳累过度而造成下肢瘫痪。从发现的花粉中可以判断当时的气候状况。考古学家还惊奇地发现了几磅小麦和小扁豆，从而帮助他们把海底村庄遗址的年代确定为石器时代。当时人类已能够耕种土地，收获粮食。同时发现的野猪和羚羊的遗骨表明，村民们曾是猎人。

美国首家海底酒店

1993年美国出现了第一家海底酒店，专供对大海有特殊兴趣的人们去度假、旅游。这家海底酒店，建在美国佛罗里达州基拉戈市的浅海底，离迈阿密约1小时航程。这里原是一个海底实验基地，为满足更多人的好奇心，让他们享受海底度假的乐趣，后被辟为度假酒店。

海底酒店开业一年来，生意一直很兴隆，吸引着无数游客。这一家特别酒店名叫"凡尔纳海底酒店"。凡尔纳是19世纪法国的科学幻想小说家，他当年的幻想今天已大部分成为现实。酒店客房约15米长、6米宽，包括客厅、卧室、厨房和浴室，能容纳6名住客，每人每天收费250美元，但规定住宿者必须是合格的潜水员。酒店是用金属合成材料制成的，房间里安装了录像、彩电、音响、电脑、电话和微波炉等现代化的家用电器

设备。但最吸引人的还是从每个房间的窗口可以看到海里的鱼类和贝类，让人感到如身临水晶宫一般。酒店内还设有一个高3米、宽6米的"潜水室"，住客可以在那里换上潜水服，潜到外面去探索附近的海域。

在20世纪末开设这样一家海底酒店，其目的是让人们超前领略21世纪到海底生活的情趣。客人穿上潜水衣后，由酒店的小门潜入海中。在入口处设有摄像机时刻监视；若有不测，酒店保安潜水员会立即赶往抢救。由小门潜回后即关上门，按动机钮，使舱内的海水排出来，海水排干后，再进入屋内，关上空气锁，海底寝室就属于你了。人们只要坐在密不透水的玻璃窗前就可以观赏各种景色。令人惊奇的是，一条条曲线优美的"美人鱼"会在窗外出现，你可以伸手跟她打招呼。她们全是海底酒店的女

侍，只是装上一条鱼尾巴而已。住在酒店里的顾客不仅可以用微波炉烹制食品，还可以用电话与岸上的亲友对话。

这家酒店的"老板"，是两位海洋学专家，其中之一的尼尔·蒙利教授说："当那些喜欢享受海底宁静世界的人身处海底的酒店时，很难形容自己的感受，他只能听到气泡在海里上升的声音，一切都是那么悠闲宁静。"

要在这家海底酒店里住一宿并不难，只要提前登记预约就可以了。这对于向往大海的人，不能不说是一种优惠。

闻名遐迩的英吉利海峡隧道

英吉利海峡犹如大西洋的一条手臂，把英法两国分隔开来。几个世纪以来，这条海峡一直是欧洲最持久的天然和心理屏障。在2000多年的历史中，英国仅被征服过两次，一次是被罗马人征服，另一次是在1066年被威廉一世征服。英吉利海峡曾使英国免遭拿破仑的践踏和希特勒的蹂躏。英国人也曾以"光荣的孤立"为自豪。

1990年12月1日，连接英国福克斯通和法国桑加特的50千米海峡隧道的服务通道钻通了。英法两国施工人员穿过隧道相聚在一起，欢呼这一历史性的时刻，欢呼数百年的梦想终于成为现实。它标志着英国作为岛国的历史将一去不复返，在8000年漫长的历史上第一次把英国和欧洲大陆紧密地连接起来。

建造海峡隧道的设想由来已久。早在1802年拿破仑和英国政治家查尔斯·福克斯就曾探讨过这一"伟大工程"。他们当时设想用油灯照明，由通风塔通风，但后来由于战争，这项计划未能如愿。19世纪80年代初期，有几家私营公司曾着手在英国福克斯通和法国桑加特之间挖一条铁路隧道。当英国那边已挖成一段长1829米的导挖隧道时，一家报纸却大肆渲染这条隧道对英国安全可能带来威胁，导致英国政府取消这项计划。1957年，这一计划被重新提出。1973年英法两国决定合作修建海底铁路隧道，但由于当时英国经济困难，这项计划再次搁浅。

1987年，英法两国国家铁路局与欧洲共同体再次计划修建隧道工程。同年12月，这条大隧道终于正式动工。由英法两国分别从英国的福克斯通和法国的桑加特同时开钻。大隧道共有3条通道：已钻通的服务通道位于中央，其直径为4.8米；两侧是行车通道，直径为7.6米，长度为50千米。当英方在海底钻了22.2千米，法方钻了15.6千米后，两头相距约100米，这时英方先钻一个小孔，将测量装置推入小孔，以测量水平角和垂直角。1990年10月30日晚，法国工区的施工人员以激动的心情等待着从英国工区一侧钻过来的钻头，钻孔直径为50毫米，小孔。钻通后英方施工人员往孔内注以压缩空气，吹掉了剩余的白垩岩碎屑。从那时起，英法双方施工人员都能感觉到从另一侧吹来的空气在循环流动。最后的测量表明：庞大的钻机从海底两头钻了38千米，中间接头水平方向偏差仅50厘米。英国

钻机继续钻通最后的100米。与此同时，法方施工人员开始拆除钻机，而把留下的钻机机壳当作隧道壁的一部分。当英方钻机钻到接近法方隧道时，钻机就转向旁道，把自己埋在岩层中。这样做一是为了省时省力，二是因为用过的钻机一时难以找到买主。然后，英法两国施工人员凿通最后的岩层，接着通过抽签方式从英法两国施工人员中各挑出一名工人来清除最后的这段通道的岩石。

然而就在1个多月前，人们还对这条大隧道的建造忧心忡忡。大隧道是由一家英法国际财团负责设计和建造的。由于成本上涨，该工程的预算由1986年的97.5亿美元增加到147亿

美元。当时提供大量资金的国际财团曾威胁要抽回资金，这一历史上最宏大的非政府投资项目几乎面临夭折。银行的最后通牒引起了欧洲隧道公司与承包商之间的一阵唇枪舌剑，欧洲隧道公司指责承包商漫天要价，牟取暴利；而承包商则反过来埋怨欧洲隧道公司随意更改工程规格，提高费用，并抱怨英国的高利率和高工资。最后双方经过妥协，终于达成协议。欧洲隧道公司除了说服银行追加投资60亿美元外，还在11月初投放了价值10亿美元的股票，鼓励56万欧洲隧道股票持有者购买。他们许诺，一旦隧道通车，隧道股票持有者将享有折价通过隧道的优惠权。

由于隧道位于海底50米不渗水的白垩岩层中，钻洞并没有什么大问题，主要问题是后勤运输。他们使用了11台重达1200吨的庞大钻机。在最佳条件下，钻机每小时能钻4.4米，其路线由激光系统导向。每前进1.5米，钻机便停一下，强大的机械手把每根重达9吨的拱形钢筋水泥衬垫安装在隧道的顶部，形成隧道的拱顶，然后钻机继续前进。仅英国工区一侧，每小时要挖出2000吨白垩岩，并运送进重达500吨的设备、钢筋水泥衬垫和其他物资。这3条隧道挖出的白垩岩总量达750万立方米，是埃及胡夫大金字塔体积的3倍。

在建造行车通道的同时，还在大隧道的两头建造了规模宏大的客、货终点站。法国终点站设在科凯勒，其规模可与英国的希思罗机场相媲美。

1994年5月6日，穿越英吉利海峡、连接英国和欧洲大陆的海峡隧道正式建成通车。从此，只需驱车35分钟就能越过英吉利海峡，从伦敦到巴黎只要3小时就够了。这条隧道全长50.5千米，海底部分长约37千米，整个工程历时6年半，耗资高达100亿英镑，被称为人类工程史上的奇迹。

白令海峡大桥

拟议中的横跨美国阿拉斯加和俄罗斯西伯利亚间白令海峡的白令海峡大桥，由220个336米的标准跨度和位于奥米德岛东西侧各一个549米的通航主跨度组成。主梁断面酷似箱面，并按100年后的交通量设计，上层为双车道公路，中层主箱内设双线铁路，下层则为输气管道。桥塔两侧分设一对斜索，钢索支承于122米之前，通航主跨度桥塔两侧分设两对斜索，以应付严酷的气候条件。大桥采用世界桥梁史上首创的重力式混凝土桥墩，总共220个。每墩分别由一个薄层筏式基础和一个双筒壳墩柱组成，预先在特制工厂采用后张预应力结合牢固后，拖至预定桥址各就各位，各墩的大小和尺寸均因水深及具体位置而定，该桥建成后将非常雄伟壮观。

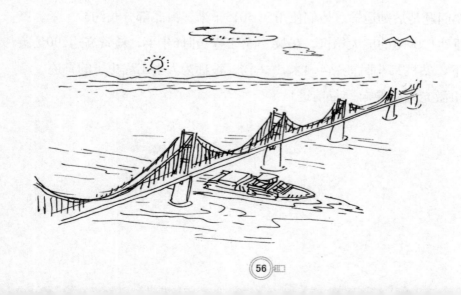

海南岛览胜

海南岛以她秀丽而独特的热带海岛风光，星罗棋布的名胜古迹，纯朴敦厚的民情风俗为世人所赞叹，吸引着海内外游人，成为人们向往的"回归大自然的好去处"。

海南岛一年四季树木常青，终年花开，到处是一片秀丽的景色，有东方"夏威夷"之称。这里山峦叠翠，河流纵横，湖泊遍布；这儿的海水清澈见底，沙滩洁净，阳光明媚，岸边翠绿的椰林中，鸟儿的婉唱，令人心驰神往。

海南岛屹立于南海大陆架北端，北隔琼州海峡与雷州半岛相对。琼州海峡是海南岛和大陆间的海上"走廊"，西濒北部湾与越南遥遥相望，南和东南面临辽阔的南海和太平洋；其漫长的海岸线上，布满了风平浪静、海清水蓝的港湾；面积宽大，平坦洁净、质地柔软的沙滩处处可见，是我国南部的海疆要塞，地理位置十分优越。

海南岛的环海海域里，鱼、虾、贝类等水产资源有800多种，经济价值较高的有石斑鱼、梅花参、龙虾、对虾、鲍鱼等40多种。附近海域的石油和天然气资源也很丰富。

热带海滨风光、小区民族风情和温泉疗养胜地，是海南的三大特色旅游资源。在海南岛旅游，人们沐浴在金色的阳光下，畅游于蓝色的大海里，沉醉在柔软的沙滩下，乘坐在绿色的椰树下，意境高远，乐趣无穷，真是妙不可言。

每当鱼汛旺季，几千条渔船聚集在海南渔场上，每艘渔船的头部和尾部都亮着一盏盏白炽灯，一排排一簇簇，海灯星空连成一片，景色无比壮观。

提起海南岛，人们自然会想到风

情万种的椰子树，走进海南，最先看到的绿色就是椰子树。椰子树就在路两旁，粗大的树干笔直地伸向蓝天，刚劲而威武。海南人民种植椰子树已有2000多年的历史。它安家在海南，海南人十分钟爱它。它一年四季花开花落，果实不断，为海南增添了不少的风姿。

到了海南岛，就像跨进了神话般的"百果园"。这里素有"天然温室"之称，是热带水果理想的繁衍地。海南岛栽培的野生果树有29个科，53个属、400余个品种，为世界上其他果区所罕见。这儿也被称为南方植物城，走进海南岛便走进无尽的绿色，连空气都仿佛浸透了绿意。槟榔也跟椰树一样，是海南岛的特产。在岛上，无论你走到哪里，随处可见到槟榔树。那一串串晶莹剔透的红果和迎风起舞的叶子，相互辉映，十分迷人。槟榔可爱又可贵，是富有热带风光情趣的观赏植物，而且有很高的

实用价值。在海南岛，压倒一切的"绿色骄子"要数橡胶了，几十亩、几百亩、几千亩的橡胶园遍岛可见。那层层叠叠的橡胶树浩瀚无际，为海南撑起一片片绿色的帐篷。

到海南，不仅可使人大饱眼福，还可大饱口福，品尝一下龙眼、荔枝、芭蕉、橄榄、榴莲……让人回味无穷。

海南岛遍布着许多石灰岩发育地区，地下水沿着石裂缝侵蚀，将可溶性的碳酸盐溶蚀，从而形成溶洞。溶蚀后的碳酸盐又重新沉淀，在洞内形成钟乳石、石笋、吊帘等熔岩地貌，呈现出千姿百态，景致瑰丽多姿，令人观后叫绝。除了这些石灰岩溶洞穴之外，海南岛还有部分洞穴是由花岗岩石体经长年风化而成的。有的花岗岩石洞，每当天降骤雨时，洞内便发出婉转清脆的响声，而逢大雨滂沱之际，洞中即响起汹涌澎湃的波涛之声，令人听来极为惬意。

海南岛有大小河流150多条，最大的河流有万泉河、昌化江和南渡江。万泉河像一条五彩缤纷的绸带，飘荡在海南岛东海岸，又像五指山伸出的一条胳膊，温柔地抱着绵山绣岭。万泉河两岸山峦起伏，惊涛拍岸，南岸上的椰寨市水段更是奇峰秀丽，为历史上有名的"乐邑八景之一"。五指山是海南岛的象征，也是海南岛各族人民的骄傲。由于长期受强烈的侵蚀切割，山峰起伏成锯齿状，其形像五指。关于万泉河和五指山，当地流传着许多故事和传说。来海南岛，投身于海南的山山水水之中，你会神清气荡，才思阔朗，笑声跌落碧海，情思溶入山林，似进入神话般的世界，似真似梦。

位于海南岛最南端的三亚市，近年来，凭借得天独厚的热带旅游自然资源，积极改善旅游环境，已成为中外游客向往之地。

三面依山一面临海的三亚市，长夏无冬，气候宜人。180千米的海岸线上，分布着19个港湾、11个岛屿，旅游景点密布，风光旖旎，令人神往。阳光、海水、沙滩、河流、森林、动物、温泉、岩洞，颇具田园景色。亚龙湾、大东海、鹿回头、三亚湾、天涯海角、海山奇观等57处著名景点，到处阳光明媚、沙滩洁白、树木葱茏，是游客海水浴、日光浴、沙浴的理想之地，也是冬泳避寒的最佳场所。

具有现代旅游五大要素"阳光、海水、沙滩、绿色、空气"的亚龙湾距市区20余千米，享有"东方夏威夷"之称。那群峰拥抱的一池碧水，总是风平浪静，如玉似镜，水面上波光粼粼，色彩斑斓，在阳光和风力的合作下，这里的海水时常变幻七彩的颜色。海边沙滩细如脂粉，细腻可人。海湾中五座小岛苍翠峭拔的身影，仿佛神话中的蓬莱仙阁，时隐时现。传说这些小岛是神仙挑山造"小蓬莱"时所遗之物，故亚龙湾亦有"崖川小蓬莱"之称。

从三亚城西行24千米，即来到半月形海湾，亦称"天涯海角"。游人至此，只见一座巨大的岩石矗立面前，石面平坦，峻峭巍峨，雄视南天，上面刻着郭沫若手迹"天涯海角"4个大字。进入旅游区，迎面巨石分别镌刻"天涯""海角"。据郭老考证，"天涯"二字系清雍正十一年(1733)崖州州守程哲所题。"海角"为后人补刻。巨石后二三百米处，有一高大的圆锥形石柱超然独立，直指苍穹，上刻"南天一柱"四个大字。"南天一柱"周围，奇石累累：或圆秀，或嶙峋，或平阔，或峭直，或对峙，或互倚，或昂或偃，或蹲或踞，或正或欹，神剜鬼削，各个标奇；有的浸于湛蓝的海水之中，有的耸立于细白的沙滩之上。这鬼斧神工的天然石景，与迎风婆娑的椰子树遥相呼应，咆哮的浪涛，点点渔帆，海鸥翱翔，织成一组绚丽多姿的热带海滨风光图。

大东海和鹿回头是三亚市南3.4千米处的两处著名风景点。大东海浴场以"水暖沙平"蜚声中外。湾里，碧蓝的海水清澈见底；岸边，细沙铺成的月牙形海滩，整洁、柔软。这里冬季的平均气温为22～25℃，在北国冰封的严寒时节，这里却是冬泳胜地。和美丽的民间传说连在一起的鹿回头是一座位于三亚湾畔的山岭，山岭从东北向西南伸延，然后折向西北，高达275米，雄伟峻峭，貌似一只金鹿站在海边回头观望。走进三亚，到处是温情的景色，所到之处无不让人流连忘返。

从"天涯海角"再西行20多千米，就到了南天古崖州的旧地崖城。古崖州旧址今称崖城。它地处南陲，依山傍海，形势险要。城南的南山岭，枕海壁立，是州城的天然屏障。城外的崖州湾，盛产海参、龙虾和马鲛鱼。城周围散落着黎族、苗族村寨，这些村寨更为崖城增添了迷人的情趣。站在古城门的楼台上，鸟瞰州城故址，但见山青水碧，林木葱郁，房舍一新，田园似锦，好一派欣欣向荣的景象。

古崖州的历史非常悠久。据《崖州志》记载，最早可追溯到远古的虞唐时代。两千多年前，秦始皇建立第一个封建王朝后，把它列为象郡(行政区名)的边界。汉代属珠崖郡辖。唐代此地取名振州，宋代改振州为崖州，元代又叫吉阳军，明洪武元年复改称崖州，清沿明制，一直称为崖州。

崖州气候炎热，夏秋常刮台风。

古代无论民宅还是公署，都不敢盖高大建筑，以防台风刮倒后造成重大损失。特别是黎民百姓的房子，只是"织柴为壁，涂之以泥，盖以茅茨"，即使这样，也"常为飓风所卷"。这里历来被封建王朝视为穷荒僻远之地，蛮昧险恶之所。

历史上，这里是被贬谪流放之地。其中晚唐政治家李德裕，南宋力主抗金的贤相赵鼎，尤其受到崖州百姓的爱戴和怀念。南宋的胡铨，因上疏皇帝，要求斩奸贼秦桧等人之头。秦桧大怒，给他加上莫须有的罪名，贬到崖州。胡铨在崖州住了七八年，秦桧死后才得以北归。这里留下了许多被贬谪者写的诗句，抒发他们身居南极(指崖州)心恋北阙(指位于北方的京城)的心情；也写下了一些歌咏崖州山川风物，赞美黎人古朴民风，同情人民生活疾苦的诗文。

古崖州是不是人们传说的穷荒险恶之地？从文献记载来看，并不是这样。比如，崖州城周围山川雄奇，风景秀丽，引起许多人的诗兴，留下了不少赞美的诗文。

古崖州也是军事战略要地。《崖州志》称它是"濒海冲险处所"。尤其是州城附近的榆林港，风恬浪静，可泊轮船，更是兵家必争之地。对于古崖州沿海的海防，宋代已建"南巡海水军"，在这里守卫。明代，倭寇频繁骚扰我国沿海，"天涯海角"的崖州也不能幸免。因此，明洪武二十七年，训练了沿海卫所的官军，"以备倭寇"。明永乐年间，崖州官军就同来犯的倭贼作过战。清代，这里更是"练兵驻扎防守"，并筑有炮台。在近代和现代史上，榆林港的军事战略地位尤为显著。1937年，日本帝国主义曾派重兵占领了榆林港。如今，榆林港已成为我国南海的重要军港，解放军指战员日夜坚守着榆林港；作为我国南海的重要军港，榆林港以它悠久的历史文化鼓舞着坚守南疆的战士，警惕地把守着祖国的南大门。

海天佛国——小岛普陀山

"海天佛国"普陀山，同峨眉山、五台山、九华山等佛教名山齐名，它是佛教海路东传人华的聚结与辐射圣地，独具特色。

普陀山是舟山群岛中的一个小岛，如翡翠镶嵌在东海万顷波涛之中。该岛呈狭长形，南北长约6.9千米，东西宽4.3千米，面积12.6平方千米。普陀山地势西北高峻，东南低平，有山16座，峰18顶，最高峰为岛北的佛顶山，海拔291.3米。全岛山姿秀丽，海岸曲折，多礁石沙滩，气候宜人，冬暖夏凉，湿润多雨，为我国四大佛教名山之一，以"海天佛国"驰名中外。

普陀山在唐朝以前称梅岑山，因东汉成帝时炼丹家梅福隐修于此而得名。历代封建帝王大力倡导佛教，至唐更趋昌盛。相传公元9世纪中叶，有天竺(今印度)僧人来山，并得梵名：Potalaka，音译补陀逻迦。汉语的意思是"小白花"。又因历代帝王多建都北方，称东海为"南海"，所以又称南海普陀山。随着"普陀山"名称的确定和佛教的日益发展，岛上诸景点的名称都与佛教和观音菩萨有关。

善财礁，在普陀山紫竹林东约300米处。据清康熙《定海县志》记载："善财礁在潮音洞前海中……以此山为善财南巡地，故以为名。"

新罗礁，在普陀山观音跳东约50米，习称观音跳。相传观音大士从洛迦山跳到普陀山来，正好脚落此礁。

洛迦山，距普陀山约5千米，被称为观音大士来普陀山前修行之地。山上有"水晶洞"，相传为大士灵现之地。

正趣峰之名出自佛经中正趣菩萨，说他从他方来，曾在此示现说法。从短姑道头到前寺中间，有一座正趣亭，亭名来自正趣峰。

普陀山还有为数不少体现山海奇观自然风貌的地名。

普陀山整个岛形似"龙"，故岛上有不少带"龙"字的地名，其中以伏龙山为著。伏龙山又名龙头山，在普陀山最北端，与茶山相接，蜿蜒如"游龙出海"。

飞沙岙古时是介于青鼓山和佛顶山之间的浅海。明初时船只还可以在此避风，后因飞沙日积成丘阜，加之普陀山受新构造运动的影响，地壳上升，形成了东西长1.5千米的大沙丘，沙子随风吹迁，故称做飞沙岙。

被称为普陀山12景之一"两洞潮音"的潮音洞和梵音洞，都是在海浪的侵蚀作用下形成的海蚀洞穴。潮音洞为一纵深20多米的岩隙洞穴，因海浪不断冲击洞内，不断发出闷雷般的声音而得名。梵音洞则别具一格，两岩陡峭成洞，洞内曲折通海，潮水涌入洞中，如雷震耳，蔚成奇观。至于洞名梵音，则从佛经来，佛经上说："梵音，海潮音也。"

普陀山石千姿百态，都是大自然雕琢而成。著名的磐陀石，底尖面广，搁在一块巨石上，观之若坠，但千百年来巍然兀立，稳如磐陀，故称"磐陀石"。又如"云扶石"叠在刻有"海天佛国"的巨岩之上，白雾缭绕，时隐时现，欲坠欲扶，故人冠以"云扶"。

岛东部海岸以千步金沙著称的千步沙和已开辟为海滨浴场的百步沙，由于两者位于三个岬角之间，千步沙规模较大，故名之；百步沙只有千步沙长度的五分之一，因长度只有百步左右，故名之。千步沙与百步沙中只隔一个小的岬角，它们都是由于海沉积形成的地貌。每当海潮拍岸，其声如排排响雷，潮水来如奔马；退如卷帘，瞬息万变，气象万千。沙滩坦阔，灿灿如金，柔软似棉，有"黄如金屑如苔"之说，有"南方北戴河""东方夏威夷"之誉。

历史传说和神话是构成普陀山一些地名的另一特色。

"仙人井"在几宝岭下，得名于东晋时葛洪到此用井水炼丹，民间称他为"仙翁"，所以这里称为"仙人井"。

"南天门"在南山上与普陀山"环龙桥"相连。过桥不远，拾级而

上，有两块巨石对峙，宛若门阙，故称做"南天门"。门前是浩瀚的大海，传说孙悟空大闹天宫时，曾在这里打败天兵天将，迫使托塔天王仓皇逃走。

"剑劈山"在佛顶山慧济寺附近，系一巨石，中间裂开，酷似用剑劈成，传说这就是《西游记》中的杨戬怒劈"混天石"的故地。

海天佛国普陀山，在我国四大佛教圣地中，形成的历史最短，但知名度最高。

普陀山是供奉女观音的佛教圣地，体现了大慈大悲的温柔心肠，"能普度众生，到极乐世界，"富于人情味。在日本、东南亚佛教界及华侨华人中有深远的影响和吸引力，游客长年不断，盛况空前。

普济禅寺，又称前寺，位于灵鹫峰麓，是全岛的核心，是供奉观音大士的主刹，也是全岛风景区的中心点，建于宋神宗元丰三年，重建于清康熙年间。寺内有大圆通殿、天王殿、藏经楼，大殿宏伟。寺前有御碑亭，亭内有清雍正所书玉碑一块，上载普陀山历史。碑旁有海印池——观音菩萨脚踏莲花的莲花池。池中有八角亭，东有永寿桥，西有瑶池桥；寺东南有5层的多宝塔，为元代所建，四周古樟蔽天，它们交相辉映，使水、桥、塔、林、寺融为一体。

法雨寺位于光照峰，又称后寺，是普陀山第二大寺。它前身是明万历八年(1580)西蜀僧大智创建的海潮庵。万历三十三至三十四年，增建殿宇，并得朝廷敕赐"护国镇海禅寺"匾额和龙藏佛经。康熙二十八年，当朝赐帑与前寺同修；三十八年御赐"天花法雨"匾额，改名法雨禅寺；雍正九年又进行大规模扩建，在建筑规模和华丽程度上，都足以与前寺媲美。整个寺院依山起势，层层升高，第一重为天王殿，第二重为玉佛殿，第三重为大圆通殿，第四重为殿宇五间的御碑亭，第五重为高大的雄宝殿，第六重是全寺最高处的藏经楼；楼后是形如屏风的锦屏山峰，整个法雨寺入山门而上，恍惚步入天宫。置身于此，身心被宏伟的气势所陶醉，涛声、禅声……神游其中，满眼佳景。

慧济寺是普陀山第三大寺，位于普陀山最高峰佛顶山的凹地，树木茂盛；走近后方见殿角露出树梢，非常幽深，有四殿七宫六楼，布局因山制宜，别具一格；大雄宝殿、藏经楼和大悲阁同在一条平行线上。

上述普陀山三大寺庙，成掎角之势，高低错落。每逢庙会，这里更是人流如织，香烟缭绕，人们纵情游览，并拜神祈福。

普陀山景色秀丽，寺庙众多，它的宗教文化和人文景观使这里名扬中外。

无怪乎素有"普陀山有宝皆寺，有人皆僧"之说。即使普陀山上的石头，也似乎个个向佛，块块听经。崔树森《海天佛国普陀山》介绍"二龟听法石"说："著名的'二龟听法石'，由花岗岩风化、海蚀而成，酷如龟状：一只蹲伏岩顶，回首观望；一只昂首延颈，缘石而上，筋膜毕露，真乃鬼斧神雕、惟妙惟肖。据传二石是当年东海、西海的两龟丞相，因常常偷听观音说法不肯回海，后经观音点化成石。"

崇明岛奇观

在寥廓的长江口，有几座绿色的沙岛，浮现在江涛之中，其中最大的就是崇明岛。滔滔江水每年把5亿吨泥沙送往东海，在长江入海处，由于水流速度放缓，又遭到海潮的顶托，部分泥沙就在这里淤积起来，崇明岛就是这泥沙堆积的产物。

崇明岛是我国仅次于台湾和海南岛的第三大岛。它的形成和发展经历了一个漫长的历史过程。早在1400年前，现在的长江口还是一片汪洋，尚无岛屿。到唐武德元年，在当时的扬州口外的长江中心堆积了两个沙丘，按其位置分别称"东沙""西沙"，面积仅有十几平方千米。宋朝时，在西沙洲北又堆积出一个沙洲，一个世纪后，东、西沙洲已被长江的洪水吞没，但在原来两个沙洲的东北方向又堆积起另外一个沙洲，名叫"三沙"，这个沙洲的位置很不稳定，日见被长江之水淹没。后来在它的东边江面上又露出三个沙洲，其中"长沙洲"就是今天崇明岛的前身。随着岁月的流逝，长沙堆积越来越大，到这个沙场来谋生的也越来越多；统治者在这里设场，名为"天赐盐场"，元朝改设州，明朝再改为县。

崇明岛还有个别名，叫瀛洲。相传远古东海上有一个瀛洲仙境，是神仙居住地方。但仙岛无根，随波飘忽，秦始皇和汉武帝先后派人到海上四处找寻都没有找到。到了明朝，朱元璋进攻盘踞在苏州的张士诚，崇明知州首先归顺，于是朱元璋就题写了"东海瀛洲"几个字赐给崇明知州，从此，崇明岛便有了个瀛洲之美称，成为古代"东海瀛洲"的化身。

崇明岛是个不断游移的沙岛，由于江流和海潮的相互作用，造成长江主泓道南北摆动，导致了崇明岛多年来泓坍无常，位置逐渐游移。随着时间的推移，在长江口还有一些水下沙洲正在露出水面，新的陆地不断建造，它的生命在不断创造之中。

崇明岛处在长江入海口，为上海、江苏等地的天然屏障，长江之咽喉，战略地位十分重要。

岛上主要城镇有堡镇，起源于明末清初，为崇明岛北部重镇，昔日在此筑有炮台。此外，还有作为崇明区首府的城桥镇以及庙镇等。崇明岛和长江口其他7个岛屿，构成长江之咽喉，形势险要。历次倭寇入侵附近沿海地区时，也多在此盘踞。当年郑成功挥师北伐，也是从崇明岛进入长江的，并连克长江下游的20多座县城，攻入瓜洲、镇江，直逼南京城下，给清军以很大的打击和威胁。

现在，素有东海瀛洲之称的崇明岛已在不断地发展改变着面貌，如果乘飞机从其上空掠过，可以看到十分诱人的田园风光。岛的中部建有森林公园，北端临近长江，可眺望万顷碧波，气势壮阔，四周绿野平畴，河渠交错，村落参差，一派繁荣景象。

沧桑之变，因而有了这世界上最大的沙岛。美丽的崇明岛，你是大海与江口的赐予；明天的你，会风光更好。

神山仙岛——长岛奇观

在山东半岛和辽东半岛之间，有一个神山仙岛，它就是长岛，它由长山列岛组成，又名庙岛群岛。古有蓬莱、方丈、瀛洲海上三神山之称，长岛位当其一。据史书记载，秦皇汉武都曾不辞跋涉，遥望海中神山，乞求长生。许多文学作品都把这儿写作虚幻缥缈、超脱凡尘的世外桃源。

丰富的想象，瑰丽的神话，为长岛涂抹了一层美丽和神秘。

庙岛群岛纵贯渤海海峡，联结着胶辽两大半岛，海岸线长142千米，陆地面积53平方千米。

相传，秦始皇统一中国后，一日来到渤海南岸，站在丹崖山顶向东看，只见瀚海茫茫，云飞雾卷。忽然一阵风过，云雾中出现一簇黑点，随着云雾的消散，这些黑点儿也渐渐清晰，原来这黑点是山峦起伏，秀美如画的岛屿。这些岛掩映在碧波之中，

神妙异常。秦始皇不由地惊问："此乃何处？"身旁一方士随口诳道："此乃仙岛。"不料秦始皇又问："仙岛何名？"岂知这方士也是无知之辈，回答不出，慌忙中也无暇多想，顺口答道："仙岛名蓬莱。"方士的应急之词秦始皇却信以为真，从此，蓬莱仙岛的名字相传下来。

珍珠门，矗立于波涛激流中一个高峻的山头上，三面着水，陡峭如削。九丈崖峭拔险峻，目不及顶。崖前有一个形状奇异的海蚀柱，崖底部有许多海蚀洞，它的周围有野花野草生长，生机盎然。

涨潮了，海浪和涛声冲击着珍珠门崖壁，海的气味传达出生生不息的回声。长岛历史上是个航海中心，据考证，早在新石器时代，山东半岛沿海就具备了造船航海能力。

从长岛向西行3海里就到了庙

岛。庙岛宋代称沙门岛。当时，这里是囚禁犯人的流放地，人流放到这里几如死刑。那时，"从军发配沙门岛"是一句恶毒的骂语。至今，一提到沙门岛，很多人还以为必是一个荒凉险恶之地，其实，到岛上来的人，无不感到这里独具秀丽，别有情趣。

长山列岛有淡水，因而有村庄。共10个岛，南五岛和北五岛，10个岛相亲相邻。东、北、西诸岛合作围成一个很大的半圆；南面稍远，正好是古登州一带地域的海岸，天生造成一个阔大的海上塘湾。绿水碧波的中心就是庙岛，这塘因此得名叫庙岛塘。

当你坐在小船上，穿行在海水养殖的水生物中间，你会似乎感到那些贝类和海参就在你的面前蠕动，那些养殖的浮漂如阡陌纵横，一望无边。蔚蓝的海面上蓝得没有一点杂质，几乎已经透明了，真想跳进这海的蔚蓝之中。如果想赶海，海边的海蛤、香螺等多种海生物，定会让你有开心的收获。

岛上的海礁让人不胜惊叹。弥陀礁酷似一座上窄下宽的规整的巨型石碑。南隍城岛东口外一石如老僧跌坐，曰佛爷礁，岛人叫它罗汉礁。罗汉礁像是一座屏气静心、面北而坐的金身罗汉。岛上的香炉礁也令人叹为观止。这座3米高的礁石孤单地站立在西北深海中，无论从什么角度看它，它都酷似一个香炉。

"长岛多美石"，这是古今传诵不绝的话。长岛那大大小小十几个岛，几乎每岛都产美石。有文人雅士们宠爱的盆景石，可制作为唐宋以来书家珍视的"金星雪浪砚"的砣矶砚石，月牙湾那满滩的美妙球石等。宋代苏东坡在其文《北海十二石》中盛赞它"五彩斑斓，秀色灿然"。

月牙湾海滩有一片让人着迷的美石，沿着岸边光灿灿一片，大小不一，形态各异，有的光滑圆润，像人的皮肤一样细腻，白的雪白，红的通红；还有的虽然并不光滑，却有不同的颜色拼出的图案，曾有人捡到有古代仕女图案的石头。这里石头大如拳头，小如珍珠，每颗都被海的潮汐打磨着。到月牙湾的游客，无不俯身玩赏，我们不得不惊叹大自然的神奇和美妙。

登上大黑山岛，满目便是鸟的踪迹。成群的鹰、雁一排排一队队如一片亮灰色的云，从岛的上空掠过。这儿是我国候鸟迁徙路线上一处重要的中转站。从这里过往的候鸟不仅有丹顶鹤、天鹅、白鹳等珍禽，还有瑞典的东鸦、丹麦的云雀等7个国家的国鸟。为了使人们四季观鸟，促进对鸟的研究，长岛县于1984年修建了一座候鸟馆，馆里陈列着40种50件候鸟标本。后来，在长岛町还采集到了200多种候鸟。

山清水秀，岛峻礁奇，真是一岛一屿有情，一礁一石有景。今日的长岛，比起秦皇汉武时代的古朴、神奇，自然又多了几分端庄、富贵，多了时代精神。海中神山无中有，今日长岛堪称奇。

红树林海岸

辽阔无垠的大海，紧依着起伏的陆地，海陆交接的地带，人们称它为海岸。我国的海岸曲折漫长，海岸的类型多种多样。大自然这个能工巧匠，用它巨大的力量，把海岸雕塑成了各种不同的模样。

风光旖旎的红树林海岸，集中分布在我国热带和亚热带沿海地区。我国红树林分布的北界可达福建福鼎一带。不过随着纬度的增高，气温的降低，红树林逐渐变得树种单调、矮小、稀疏。海南岛是全国红树林最繁盛的地区，特别是铺前港至东寨港琼州海峡沿海一带的红树林，更是全国之冠，是目前我国唯一的红树林自然保护区。红树林把海岸装扮得分外迷人。

海南岛北岸，沿铺前港到东寨港十多千米长的海滩上，生长着茫茫一片红树林，当涨潮时，海滩被海水淹没，树干浸泡在水中，只有茂密的树冠漂浮于海面；退潮后，泥泞的树干露出海面，好像一片海上森林。

红树林并不是红色的森林。它们四季常青，终年碧绿，因为全世界组成红树林的40多种植物中，在植物分类上属红树科，因而得到红树林的美名。红树林生长在海滩上，构成特殊的海岸地貌。这样的海岸称为红树林海岸或红树林浅滩。

走进茂密的红树林，人们立即会被这些不同形态的红树所吸引，再深入地走进树林，纵横交错的树、奇形怪状的树根和难以行走的茂密让人着迷。它们靠近海岸生长，植株不高，在植株周围密密麻麻地长着许多像竹笋一样向上的树根，叫气根。气根有两种，一种是从地下根部发出来，向下倾斜地插入海滩淤泥中，帮助真正的根固定在海滩上；另一种是从地下根部发出来，垂直地向上伸出淤泥表面，起着同外界进行气体交换的作用，避免因淤泥缺氧而窒息。特别是红茄冬，从树干上斜伸出去的根有几十条，甚至几百条。这种根叫作支柱根。红树凭着支柱根，既可抗拒周期性潮水涨退的冲击，又可迎接狂风巨浪的侵袭。

红树林不愧是森林的勇士，它独处岸边，不怕海水的淹没，不怕台风的袭击，任凭风吹浪击，始终挺立在海滩上。

红树林中最引人注目的要算是红树的繁殖方式了。大多数植物的种子只有脱离了母体后埋在土里才会重新发芽，而红树因为长期生长在潮间带，种子掉在淤泥中会窒息而死。

因此，红树的种子成熟后不离开母体，而是在树上萌芽，长成一株株棒状幼苗，吊在树上，等到发育成熟，才从树上掉下来，插进淤泥里，几小时后，上边发出新芽，下边扎下根，一棵小小的红树就这样在海水里安了家。这种发芽生长的过程很有人间生活情调。了解了红树生长的环境和过程，人们都对它征服淤泥质海滩的能量和手段而叹服。它独特的本领，使其他植物绝迹的海滩成为茂密的海上森林，为人们创造了美的生活环境。

红树林生命力很强，如果红树幼苗落到海水里，它们还会随着海水随便漂到哪里就在哪里安家，漂泊四个月后一样茁壮成长，延伸、加宽或加密着海岸边的一道道绿色长城。

南海珊瑚礁览胜

我国的海岸线纵跨37个纬度，全长18000多千米，从北而南连接着我国的内海渤海与边缘海黄海、东海和南海。在烟波浩渺的海上星罗棋布地分布着许多个大小岛屿。

由珊瑚礁组成的南海诸岛，就像是漂浮在海面上的洁白的花环，晶莹夺目，人们形象地称它为"南海明珠"。南海诸岛包括200多处岛屿、沙洲、暗礁和暗滩。人们依其分布的位置，把东北部的一群岛礁称为东沙群岛；西部的一群岛礁称为西沙群岛；位于西沙群岛东南侧的一群岛礁和黄岩岛称为中沙群岛；南部最大的一群称为南沙群岛。

南海诸岛靠近赤道，地处热带，终年高温多雨，适宜热带植物和动物的生长繁殖。邻近海域的热带海洋资源十分丰富。西沙群岛上热带植物种类繁多，其中东岛最为繁茂。东岛海岸土地深沃，由粪、枯枝落叶和珊瑚、贝壳砂堆积而成。生长在这里的植物具有喜盐、喜磷、耐旱的本领。各种植物从海岸向岛中心呈带状分布，矮矮的草本植物，环绕小岛顽强地生长在白色的珊瑚滩上。这些植物带的内侧有灌木林带筑起的绿色围城。再往里，就是麻枫桐的天下，这种树根深叶茂，粗壮高大，生命力特强，就是被台风劈为两截，插在土里仍能生根发芽，因而获得"抗风桐"的美名。麻枫桐还有一种特殊的本领就是，它的果实具有分泌黏液的腺毛，可以粘在枯枝落叶上或是鸟类的羽毛上来传播种子，可见其生命力和繁殖力都特别旺盛和顽强。

东沙群岛、中沙群岛、西沙群岛和南沙群岛中的绝大多数岛、礁、滩，都是由渺小而神奇的珊瑚虫合力建造起来的"宏伟宫殿"。

东沙岛上鸟语花香，热带资源丰富。这里出产一种海藻类植物——海人草，又称鹧鸪菜，生长在海滩上，是著名的驱蛔药的原料。它像韭菜一样采了又长。这里的海人草在世界上产量第一。东沙岛形状像一弯新月，西侧有湾口，四周被暗礁包围，南、北有水道通往礁湖。在东沙群岛西南方向的海面上，虽然几乎看不到岛屿，但是这里海水微绿，海鸟成群，它就是中沙群岛。这里除了黄岩岛外，还有一群隐伏在水下的暗沙、暗滩和暗礁，其中已经探测清楚并命名的有30多座。它们共同生长在一座由东北向西南延伸的椭圆形的环礁上。

白鹭之岛——厦门

　　高雅洁白的白鹭，点缀在黑石绿树之间。厦门，这个以白鹭而得名的东海明珠，以她秀丽的风姿和勃勃的生机迎接着每一位寻美的人。

　　厦门市位于福建省东南沿海，山环水绕，万木葱茏。这里是一个彩色的世界，四季如春，百花争妍，是闻名中外的避暑胜地。倘若从厦门第一峰——洪济山顶俯瞰这个海岛城市，其形状恰似一只白鹭伫立于碧波苍雾之中。相传，很久以前，这里是白鹭栖息的地方，故又有鹭岛之称；厦门和鼓浪屿之间的海峡就叫鹭江。

　　厦门在南宋时称为嘉禾屿。嘉禾是庄稼种得好的意思。1387年，明王朝为防倭寇，在岛上建厦门城，厦门由此得名。

　　厦门是个天然的深水良港，背靠大陆，毗邻漳州、泉州两市，与台湾、澎湖仅一水之隔，万吨巨轮可以出入。它位于上海至香港航线的中心，去新加坡、印度尼西亚、马来西亚及南洋各地都很方便；跨海长堤把厦门岛与祖国各地连接起来，海运与陆路运输紧密连接，交通十分方便。

　　厦门也是驰名中外的游览避暑胜地。这里地处亚热带，地形崎岖，气候温和，一年四季如春，登此岛避暑，可以饱览"山无高低皆行水，树不秋冬尽放花"的南国绮丽风光。"锦绣烟花自一洲，无边风景似杭州"，这是古人赞美厦门的诗句。由地貌、水文、植被等交织而成的厦门自然景观，具有雄、奇、秀、幽等特点。厦门岛周围长风浩浩，波浪滔滔。大小山头遍布形状奇异的花岗石，山川景物变幻无穷，让人赞叹不已。

　　厦门的洪济山峭拔挺秀，是岛上的最高处。山上古榕蟠屈，曲径通幽，许多风景的来历和解释，都很耐人寻味。厦门还有友头山、虎头山、狮山，都是厦门重要的游览景点。狮山山岩环抱峡谷，长年绿树蔽天。早上雾气浓浓，海天苍茫，景色都笼罩在烟雾迷茫之中；到太阳出来，便听到鸟的啼鸣，看清山青水色。所以，有"狮山晓雾"的美名。厦门的石不但数量多，而且千姿百态，稀奇百怪。既有迎风而动的"风动石"，又有随潮汐而隐现的"浮沉石"；高处有"望高石"，低处有"剑石""印石"；还有许多象形的名字，如果

不亲临这里，很难想象这石景的奥妙。

厦门山上遍布花岗岩石，而在万石岩更为密集。大者周围十余丈，小者径仅数尺，如玉似漆。乾隆时名士薛起风赞道："山岩多胜概，万古独称奇。"无论是万石岩游览区还是万石岩植物园，其山容水态，都分外妖娆。

厦门物产丰富，工艺美术历史悠久，海产品更是品种繁多。与鹭岛只一水之隔的鼓浪屿，面积1.84平方千

米，是国家重点风景名胜区。岛呈椭圆形，上有鼓浪石，石中有洞，波涛袭来，其声如鼓。岛上环境幽美，四季如春，繁花似锦。许多别致的西式建筑物依山而建，红瓦覆顶，碧草如茵，如若海上明珠，有"海上花园"之誉。岛上汽车绝迹，仅由电动游览车将沿海诸景串在一起，故有"步行岛"之称，十分恬静。鼓浪屿还被称为"音乐之岛"，岛上居民酷爱艺术，家庭钢琴拥有率居全国第一。每当耳际飘来悦耳的琴声，伴着海浪拍岸的阵阵轰鸣，实在令人感到无限的惬意。

日光岩和菽庄花园是岛上两大胜景。日光岩高90米，为岛上最高峰。明末清初，民族英雄郑成功曾在山上安营扎寨，至今留有山寨遗址和许多摩崖石刻。1661年郑成功率数百艘战舰挺进台湾，终于从荷兰殖民者手中收复了霸占38年之久的台湾，为国家

的领土完整立下了不朽功勋。为了纪念这位民族英雄，1962年在郑成功收复台湾300周年之际，于日光岩下建起了郑成功纪念馆。菽庄花园是厦门第一名园，仿《红楼梦》中的怡红院而建，巧用天然地形，供山藏海，布局成五景十二洞天；园内遍植花木，四季如春，是不可多得的海上花园。

厦门五老峰下的南普陀寺，是闽南著名的古刹之一，有1000多年的历史。在我国佛教四大名山之一浙江普陀山之南，故称南普陀寺。

南普陀寺背依五老峰峦，面临万顷碧波，山光水秀，梵语钟声犹如仙境。寺内建筑雄伟华丽，藏经阁内珍藏着中外佛典经书数万卷。

厦门是一个美丽的花园，她天然神奇，巧夺天工。鹭江夕照，江海流辉，万顷金波。徜徉于鹭江之滨，人们无不为厦门的胜景所沉醉、感叹。

榕城福州马尾港

古时候，由于福建省山岭耸峙，陆上交通不便。"蜀道难，难于上青天"。有人说："闽道更比蜀道难。"因此，福州地区的海上交通发展很早，福州很早就已成为重要的对外贸易港口。

马尾港位于闽江河口，距离福州约20多千米。因其附近江中有一岩礁，形状颇似石马，随潮涨潮落而隐现，马尾港就在这礁石的北面，正对着"马尾"，因而得名为"马尾港"，而附近这一段江流也称为"马江"。

马尾港的地形十分险要。民族英雄郑成功曾把闽江驻兵重点放在马尾港。鸦片战争以后，列强强迫中国把广州、上海、宁波、厦门和福州划为5大通商港，其中福州就是指马尾港。这里还发生过近代史上著名的"马尾之役"。这次战役是中国人民反抗侵略的伟大斗争。为了纪念海战阵亡的烈士，1886年在马尾港的马阴山麓，修筑了马江昭忠祠。祠前一方石碑记载了这次战役的经过，祠西边为墓园。

福州是我国东南沿海历史悠久的古城之一。从公元前202年越王勾践后裔无诸受封为闽越王、在此建都算起，迄今已有2100多年的历史。人们常以"三山鼎峙、两塔耸立"来形容它。这里的三山，指的是旧城内的越王山、九仙山和乌石山。越王山即现今的屏山，九仙山即于山，乌石山即乌山，又称道山。两塔即白塔和乌塔。它们各自以自己不同的景色和古迹使古城大为增色。

位于市中心的于山，相传因战国时古民族"于越"氏的一支居此而得名。也有人说汉代曾有何氏兄弟在此炼丹修仙，故又称九仙山。山的形状如同巨鳌，最高点为鳌顶峰。山上名胜古迹众多，素以揽鳌亭、依鳌轩、应鳌石、步鳌坡、接鳌门和耸鳌峰等"六鳌胜迹"以及于山"二十四景"著称。

位于于山西麓的白塔建于公元904年，与杭州的六和塔属同一时期的建筑物，其规模和式样也与六和塔相似。据说建塔开墓时曾发现过一颗光芒四射的宝珠，因此称为定光塔。至于现在人们看到的白塔，已是16世纪的建筑，原先的建筑被雷击毁，人们在原址上用砖瓦结构重建一塔，外敷白灰，改名为白塔。

在白塔寺东，还有一座戚公祠。它是福州人民为纪念民族英雄戚继光

而建的。戚公祠建在一座小石岗上，祠内正中陈列着戚继光的胸像。壁上挂着四大幅历史画，这些画生动地描绘了戚继光在闽抗击倭寇侵略的功绩。

走进这里，人们似乎听到了民族英雄们视死如归的呐喊，还会听到福州人围绕于山上的戚公祠曾经发生的故事。1916年，美国所办的教会美部会曾唆使当地的流氓伪造了一纸戚公祠的卖契，企图霸占戚公祠。这事被当地居民知道后，在福州市内街道，他们到处张贴"白字诗"，揭发古祠内幕，顿时群情激愤，奋起斗争，迫使美部会不得不归还卖契，取得了关键的胜利。后来人们为了纪念这次斗争，建了一座双层木结构的八角亭，取名为"复亭"。

在于山西面的乌山，怪石嶙峋，洞壑清幽。乌山脚下的乌塔，全名为崇妙保对坚牢塔，系五代闽国主王延曦所建。因外表略带黑色，故俗称乌塔。现在塔内保存的浮雕、佛像和各种题刻，是反映五代闽国建筑艺术历史文化的珍贵资料。

除"三山二塔"外，福州的鼓山和西湖等也是著名的游览胜地。西湖最初由晋代郡守为灌溉家田，凿引西北诸山之水聚集于此，遂成一湖，以后经不断修葺，至宋代，这里已是湖畔树木苍翠，湖中小鸟飞翔的景色秀丽的风景区了。大诗人辛弃疾曾用词赞此："烟雨偏宜晴更好，约略西施未嫁。"因此又获"小西湖"之称。今天的西湖又多了不少景致，极有情调的湖心亭、荷亭、紫薇亭等，增添了西湖的妩媚。

鼓山因山顶有一巨石，平展如鼓而得名。山上洞、岩、泉、阁共有160多处，漫步其中十分惬意。其中最著名的要算涌泉寺，寺前有一股清泉涌出地面，清澈透明。登上山顶，在海拔近千米高处眺望大海，蓝天碧波，帆影点点，让人心旷神怡，物我两忘。

千岛舟山

舟山群岛坐落在东海西北部，杭州湾的东方，西临上海和浙江，紧靠祖国大陆。这里岛屿众多，星罗棋布，大小岛屿1339个，有人居住的岛屿有160多个。以舟山本岛为最大，岛中有海，海中有岛。"大岛如舟"，故名舟山群岛。1987年，经国务院批准，舟山成为浙江省辖市，下辖定海、普陀两区和岱山、嵊泗两县，是名副其实的千岛之市。

舟山群岛古称"海中洲"。当地有这样一段美丽的传说：

在很久以前，东海是一座繁华的都城，因它坐落在太阳升起的地方，所以叫作"东都"。可是，由于朝廷腐败，官府枉法，好端端的一座都城竟被糟蹋成尔虞我诈、男盗女娼的污秽之地。

有一年，闹市上新开了一个"凭良心"油店。店里有一个白发苍苍的老汉，他卖的油都是味香色清的上等油，而且油钱箱就挂在店门口，无论谁来买油，钱放多少，油舀多少，都随买主自便，老汉从不过问。因此，买油人中有许多"昧良心"者，或是少付多舀，或是干脆把家里的瓶瓶罐罐装得很满。奇怪的是，一连数月，油店的油像海水那样源源不绝。

离城10里，住着一户姓葛的人家，娘儿俩相依为命，过着清贫的日子。这一年，儿子长到16岁，娘才给他取了个名字，叫仙翁。意思是指望他无苦无难，能像仙人一样长命百岁。葛仙翁自幼忠厚老实，对娘十分孝敬，他每天起早摸黑地上山砍柴，换来钱粮供养老娘，街坊乡邻都称赞他是"孝子葛仙翁"。

有一天，葛仙翁又挑着柴担进城。出门前，娘递给他一只油瓶叫他买些便宜的油。葛仙翁卖掉柴就来到了"凭良心"油店，将卖掉柴得来的20文钱全投进"油钱箱"里，然后舀了一瓶油，高高兴兴地回了家。娘接过瓶问了个仔细，按价一算，发觉儿子少付了5文油钱，顿时生气了："人家偌大年纪，靠卖油过日子，你年轻力壮，应该资助一些才是，怎可贪便宜少付钱？"

葛仙翁听了娘的话好惭愧，他转身提着油瓶一口气奔到油店，向油主赔礼道歉，并把多舀的油倒回油缸。

老店主捋着白胡子，不动声色地打量着葛仙翁，心里称道：难得，实在难得。他对仙翁说："这位小哥，老汉有一事相告。日后，要是你见到城门外的石狮子口中出血，要赶快朝西北方向逃奔，切记！切记！"

原来，这位老店主正是神仙吕洞宾。他将隐事告知了这位老实的葛仙翁，便离开了东都。从此，葛仙翁每日清早都去城门外看石狮子，无论刮风下雨从不间断。一连看了几个月，这引起了东都城外一屠夫的注意，他问葛仙翁看石狮子作甚？葛仙翁把老店主的话告诉了他，他觉得好笑，石狮子怎么能出血呢？

次日清晨，突然风雨交加，屠夫要进城卖猪肉，刚好到城门下避雨。看见了城门外的石狮子，记起葛仙翁说的话，心想，何不来个弄假成真，戏弄一下这个老实傻瓜？于是，他顺手从箩里拿出一罐猪血，倒进石狮子口中。一会儿，葛仙翁来了，看到石狮子口中有血，转身就跑。屠夫在一旁偷看着，笑得合不拢嘴。

葛仙翁跑回家，把石狮子口吐鲜血的事告诉了母亲，又奔走告诉乡邻。众人哪里肯信，都觉得荒唐可笑，有的骂仙翁是疯子。只有少数厚道的乡邻认为仙翁没有说谎，也就半信半疑地打点行装，准备逃奔。

雨越下越大，仙翁背着老娘打前，乡邻们跟后，直朝西北方向奔走。当他们离村四五里远时，猛听到一声惊天动地的响声，众人一看，偌大一座都城，瞬间成为一片汪洋。葛仙翁他们继续朝西北方向逃走。他们在前面走，陆地在后面坍。就这样，他们走一步，坍一步，过一处，坍一处。也不知奔了多少路程，坍了多少地方，最后，他们实在走不动了，就停下来。说也奇怪，他们一停，那汹涌咆哮的浪头也戛然而止。

这时天已晚了，葛仙翁担心就地宿夜会有危险。他顾不得休息，就背着老娘爬上一座高山，在山顶上安置老娘过夜。

次日清晨，朝霞万朵。他们往四周一看，皆是一片大海，只有他们歇息过的地方和这座高山连在一起，成为一个大岛，像是一只船浮在海面上。于是，他们称这个大岛叫"海中洲"。后人又把这个岛叫作"舟山岛"，把葛仙翁他们歇脚的地方叫"定海"，还把葛仙翁放娘休息的山顶叫"放娘尖"。

从大地构造来说，舟山群岛均为天台山脉入海陷落的残余部分。在地质历史上，舟山群岛曾有过沧桑变化。大约在距今1万年到8000年之间，汪洋大海中露出几块岛屿，舟山群岛开始形成。

舟山群岛是闻名世界的渔场，也是我国第一大渔场，水产资源极其丰富。舟山群岛屹立，港湾棋布，是具有众多岛屿港和海岸港兼备的天然良港。

花鸟山灯塔是我国和远东最著名的灯塔，被称为"东海神灯"。舟山群岛还有许许多多航门，这些航门名目繁多，五花八门，有不同的特点和"门派"。

舟山不仅物产丰富，而且风光绚丽。普陀山，是我国四大佛教名山之一，也是国家重点风景名胜区之一。山上景物奇妙，那些金碧辉煌的寺院，晚霞映着白帆，大小寺院庵堂百余座，隐现在苍松翠柏之中。诗情画意不一而足。人们把这儿称为海天佛国。王安石曾写诗赞誉普陀山："山势欲压海，神宫向此开，鱼龙腥不到，日月影先来。"

普济、法雨、慧济三大寺院，都是我国明末清初佛教建筑群的典型。普济寺又名前寺，是普陀山最大的寺院。这里有9座金碧辉煌的殿宇，12座飞檐流角的阁楼和16座堂屋，黄墙琉璃瓦，气象非凡。法雨寺又称后寺。这里古木参天，步入山门，如同步入天宫，极为幽静。慧济寺，又名佛顶山寺，寺内有寒潭苦竹，野趣横生。

普陀山上还有三宝，这就是太子多宝塔、杨枝观音碑和普陀鹅耳枥。

游罢古寺，再登高极目山海美景，最高的佛山顶常有云雾缭绕；人行其间，如入仙境，美不胜收。还有山岩似雪的雪浪山，有似锦若屏的锦屏山，有多雾的茶山，观赏时的季节和角度不同，就会有不同的奇景，让人回味无穷。

经过前寺可以入洞，"仙人洞"里的滴水清透味甘，游人到此，无不把品尝"仙水"作为一大乐趣。沿着山路上去，因两石相叠成盘而得名的"盘陀石"最令人瞩目。不远处的"二龟听法石"，仔细端详，一龟伏岩卧壁，一龟伸头延颈，神态毕肖。

巍峨庄严的山，古朴典雅的寺，柔软金黄的沙，峻峭怪异的石，飞珠喷沫的洞，无不让人连连赞叹。

嵊泗列岛风景区，以"海翰、礁奇、滩美"而闻名，被誉为"南方北戴河"。此外，还有定海公园、北安公园、青龙公园等可供人游赏。

到了舟山，无论是登山还是入洞；是在金沙滩上享受阳光，还是夜晚观看渔火，品尝"极鲜佳品"，都会让人心旷神怡。这里越来越引起中外游客的注目，她必将成为中国最壮丽的海岛旅游避暑胜地。

山海连云港

连云港市古为海州，以"东海名郡"著称。远在十万年前，人类就活动在这片土地上。海州是秦始皇东巡立石"秦东门"的朐县之地。汉代，朐港已与越南、缅甸、印度等同通商。三国时期，朐县成为东海国的领地，首府在郯。东晋改称临朐。南北朝时，这里先后作过东海、北海、东莞、琅琊等郡的郡治。海州之称，始于东魏，管辖六郡及所属的19个县，号称六郡故城。隋朝，海州改称东海郡。唐时，改郡为州。唐天宝元年又改州为东海郡。宋代，海州经济发展到一个昌盛阶段。明朝时期，海州一直是海、赣、沭、灌等地的政治文化中心。清朝又升为中央直隶州。1948年，这里设新海连特区，辖新海市、连云市、东海县和云台办事处。中华人民共和国成立后，特区改名为新海连市，属山东省。1953年1月，中央撤销华南、苏北行署，成立江苏省，新海连市属江苏省。1961年改名为连云港。

明清时，海州是皇家漕运的重要水道，并作为对外口岸，后设置海关监督。至今，连云港地区遗留下许多古代航海的遗址。

中华人民共和国成立前，这里只有一个能停靠3000吨货船的码头。今天，连云港有5个万吨级深水泊位。

连云港长达18千米的海岸线上处处是景。这里有水清沙净的海滨，有风景宜人的北城墟沟，有现代化的深水良港和壮阔的海滨山城，有"琼花世界"的淮北盐场，有清丽幽雅的避暑山庄，有幽似桃源的黄窝，有海鸥戏浪的海岛。海中岛屿时隐时现，帆影点点，云飞浪卷，令人叫绝。

登上游艇，绕东西连岛一周做海上游，破浪向前的游船如同在峰巅浪谷中跳滑，扑面的浪花和海风使人其乐融融。

南望云台山，展现在面前的是一幅横展东西的山水画，青山如黛；北云台似断似续高插云天。山如海海似山，青山云海飘然欲动。从海上看港区，别有一番壮美的景色。

从连云港北望，东西连岛诸峰迭起。山南隔海与大桅尖山、黄窝山奇峰对峙，成为天然港湾的南北二屏障。连云港之得名，即因前临"拆列如屏"的连岛，北依"可供仙人游"的云台山。

连岛山势曲折，峰峦叠嶂，山青树碧，俨然海上一座屏风。外轮进港停泊在此，船员都要登船游览，欣赏这海上锦绣屏山。

连岛的精华，集中在苏马湾和庙后湾。苏马湾山势陡峭，壁立万仞。此间可谓海蚀世界，让人叹为观止。庙后湾海湾平展舒阔，地极幽僻。弯曲的海岸带，岩石堆堆，是一处天然"海蚀博物馆"。100多米长的奇岩怪石，使人大开眼界。观赏这些海上奇景，实在是一种美的享受。

墟沟在新浦至连云港口的途中，

背山临海，地势险要。北城与南城互为犄角。"南城到北城，全靠水上行"。明、清两代，这里是训练、屯扎水师的营寨，寨址就在今墟沟中学。古诗赞颂墟沟的地理形势曰："墟沟也屯兵，一夫当万众。"

墟沟海滨绵延十余里，沿岸海阔沙平，处处怡人。海头湾在墟沟北部海滨，因临近"龙门"，又称"龙门湾"。这里远离喧嚣的市区，东有鸽岛，又名鸭岛，浮游海上，低潮时涉水可行。是人们理想的去处。

去墟沟20里的海中，如瑶琴似的一个海岛横卧在烟波浩渺间。它位于赣榆区的海域内，长五里，宽一里，正像海天间建起的一道海上长城，地理位置十分重要。秦山，自西面遥视，仅见到东西二峰，形似双乳，俗称奶奶山，又称神山。秦山山势和云台山一样，北面峻峭，面南低缓，四周山脚悬崖立海，难以登攀。山中有一口小内阔的袋形海湾，是登山的唯一途径，称"綦子湾"。

秦山虽小，古迹却相当丰富，趣闻逸事动人心弦。

风景如画的高公岛的得名，民间有不少故事和传说。清代学者认为，高公岛与东晋孙恩起义有关。孙恩，字灵秀，山东人。他领导的一支海上起义军，曾占领过郁洲。公元401年，宁朔将军高雅之在高公岛被起义军俘获。后人为纪念高雅之，故称此岛为"高公岛"。

与高公岛毗邻的羊山岛，海阔天高，令人心旷。这里有得天独厚的海蚀地貌，有海岸奇景火星潮。

连云港有着优越的地貌，灿烂的文化，悠长的历史，海滨风光和秀山奇石让人流连忘返。海浪伴着人们美好的想象，伴着人们美好的生活。

海城青岛

被誉为黄海明珠的青岛，位于山东半岛南岸的黄海之滨。三面环海，一面接陆；巍巍崂山傍海屹立，山秀海美；绿树红墙更给人心旷神怡的感觉，是我国著名的游览和避暑胜地。

青岛是一座世界闻名的年轻而充满活力的城市。早在一个世纪以前，这里还是一个小小的渔村。1897年，德国殖民者强行租借了它，辟为军港和商港。1899年，德国殖民者在胶澳租界内建立了市区，命名为青岛。后又经历了日本帝国主义和国民党半个世纪的蹂躏，1949年在全国解放的炮声中得以解放。

蓝色的胶州湾，像一块碧玉镶嵌在青岛的胸前。人们泛舟漫行，在海上：遥望青岛市区，或登上鱼山山顶平台，俯瞰青岛风光，但见冈峦起伏，连绵不断，绿荫覆盖中呈现出红瓦层楼，明朗清新。海滨的建筑更是高低错落，别有韵味。

青岛市建在直逼海边的丘陵上，属海洋性气候。春夏之交多海雾，秋季则天高气爽，冬无严寒，夏无酷暑，每年吸引着中外众多游客前来旅游、避暑。

青岛是我国重要的国际性天然良港。这里港阔水深，冬不结冻，万吨船只终年畅通，是我国大型对外贸易基地之一。

青岛的海滨宛如一条多彩的风景长廊，有依山环海的鲁迅公园、花木繁茂的中山公园，有沙细水清的海水浴场，秀丽多姿的八大关，还有太平角、湛山、燕儿岛、石老人等风景名胜，来此观光旅游的人，无不为之倾倒，为之陶醉。

栈桥是青岛的象征，也是青岛最早的建筑之一。原修建于清光绪年间，1930年重修，全长440米，宽10

米。游人步入栈桥，听浪涛拍岸，望水星飞溅，犹如拔开水路，令人心境豁然。

夏夜到栈桥上游玩别有情趣。桥头八角形的亭楼"回澜阁"亭亭玉立在海中；习习的海风，起伏的万家灯火，给人诗意的享受。与栈桥隔海相望的小青岛，距海岸仅二三百米，面积仅0.012平方千米。岛上山岩耸秀，林木常青，最高处的八角灯塔高15.5米，为来往的船只示标导航。

小青岛又名琴岛。相传古代有一仙女，带着她的琴弦，乘云朵从天上下来游览人间美景，被青岛的风光吸引住了，便在海滨弹琴游玩。有一天，她趁着退潮，走到前海海滩，只顾弹琴玩耍，忘却回返，被涨潮的潮水淹没了。于是，她就变成礁石突出海面，形成了小岛。她的琴弦变成了岛上的树木，苍翠常青。海风吹来，波涛作响，树木和声，遥遥传入岸边，人们听来，宛如听到了琴岛上仙女的琴声。

青岛背山面海，在一些海湾深入陆地的静水地段，有相当规模的海积地貌，如沙嘴、沙滩、沙坝、陆连岛等。有沙的地方形成天然海水浴场。

这些浴场的特点是，海面静，水底平，既无暗礁又无漩涡，以沙细、水清、潮汐稳静著称。

崂山，又名鳌山。在青岛东部，脚踏黄海，背靠陆地，独具特色。崂山成山于太古代，迄今已有20多亿年的历史。山体为黑色花岗岩，山势东峻西坦。其姿容不亚于五岳，与国内其他名山相比独具特色，自古就有"泰山虽云高，不如东海崂"的赞语。

崂山因长期的风化剥蚀和流水切割，山区岭谷纵横，层峦叠嶂，形成了"群峰剥蜡几千仞，乱石穿空一万株"的奇景。崂山的主峰叫"巨峰"，又称"崂顶"，海拔稍低于泰山的主峰。自秦汉以来，盛传崂山是"神仙窟宅"。秦始皇、汉武帝先后到山中寻仙访药，梦想长生不老。唐玄宗也派人到崂山里炼仙药，并改山名为辅唐山。清代著名作家蒲松龄所著《聊斋志异》中有一些神鬼故事就取自于崂山。宋元以来，崂山寺院次第兴修，遂成为道教名山。山上的建筑简朴无华，具有道家古朴淡雅的色彩。走进崂山，谁都会被山与海的景色所陶醉，云海雾潮，波推浪进，翠竹青松，奇岩怪石，那虚无浮幻之感似人仙境。崂山风景点有100多处，每处都让人目不暇接。

漫步在青岛海滨，感受着海风轻轻拂面和海水潮潮汐汐，这里有历史的足迹，也有现代的回声。中国科学院海洋研究所在青岛，国家重点综合性海洋大学在青岛，中国水产研究院黄海水产研究所在青岛，国家海洋局第一研究所在青岛，海军北海舰队和海军相关军事院校、海军博物馆在青岛，青岛集中了全国海洋科技的一多半人才，是培养海洋科学包括博士、博士后在内的高级人才的主要基地。在"海上山东"的建设中，青岛和海洋经济也在腾飞。这里正在形成国际性海洋科技城、海洋产业城、海洋文化城。

大连老虎滩春色

据目前发掘的文物证明，我们的祖先在辽东半岛已经生活了6000年以上。公元前108年，汉武帝开辟了一条从山东半岛经大连航海到朝鲜的航线。到了晋代，大连地区为高句丽部族所占据。唐高宗时征服了高句丽，控制了辽东。元世祖忽必烈时，曾先后派两批军士约21000多户到大连地区屯田，对恢复农业经济起了一定的作用。到19世纪中期，大连已成为辽东经济发达的地区之一。金州是军事重镇，旅顺成为海运繁忙的港口。

大连地处要津，早为帝国主义所垂涎。在鸦片战争以后的20多年里，英国、法国殖民者不时地到这儿窥探地势，测绘海图，并登陆骚扰。清政府营建了旅顺口，把它作为北洋海军根据地。后来，沙俄强迫清政府签订《旅大租地条约》，租期为25年。日俄战争后，日本又从沙俄手里夺走了大连。直到抗战胜利，大连才回到祖国的怀抱。

大连解放后，大连人民经过了半个世纪的建设，变化巨大。大连既是一个综合型工业基地，又是一个主要的陆海空交通枢纽。大连是我国东北最大的港城。这里有大连商港、大连油港、大连湾渔港和旅顺军港等港口码头。港口的发展带动了陆路和航空运输的发展。因此，大连工业基础雄厚，工业发达。近几年来，大连的经济发展更是迅速。大连市山水环绕，风光绮丽，是我国著名的旅游城市之一。大连临海处海湾较多，礁石错落，地貌奇特，构成了以蓝天、碧海、白沙、黑礁为特色的海滨风光。

大连三面环海，沿海蜿蜒曲折，岛屿错落，形成了许多风景区和海滨疗养区。优美的海水浴场更吸引着中外游客。劳动公园、海滨公园，园内喷泉吐玉，亭榭相间；假山莲湖相映成趣，步移景异，令人目不暇接。在公园内漫步，欣赏清新幽静的园林艺术，或是进入钻海洞，拾步台阶，直达海边，放眼起伏的大海景色，倍感大海无穷的力量。还有老虎滩、傅家庄、夏家河子公园，还有动物园、自然博物馆、蛇岛、鸟岛等，它们各具风采，各有魅力，让人流连忘返。

大连经济技术开发区以原金州区大孤山乡马桥子村为起步开发中心，东南临大窑湾，北依大黑山，傍山依海，风景秀丽，面积达20平方千米。开发区作为一座青山碧海环绕的海滨花园，已初具规模，已成为大连市经济再发展的突破口。

奇妙的香港海洋公园

1977年初建成的香港海洋公园，坐落在香港仔黄竹坑道。其构思之新，规模之大，内容之广，设施之全，完全可以与世界上任何其他著名的同类公园，如夏威夷海上动物公园、美国的圣迭戈海洋世界水族公园等相媲美，且有过之而无不及。其独到之处远远超出人们头脑中的"水族馆""水族公园""海上动物园"的模式，它集教育、展览及游乐于一身，成为目前东南亚地区最大型的综合娱乐设施。香港海洋公园新奇宏伟的结构，绝妙多彩的设备，使每个到此一游的人，无不断言它是异想天开的产物。

走进香港海洋公园的海洋馆，犹如置身于浩瀚的汪洋之中。海洋馆是"龙宫"的主建筑，不论建筑规模，还是水族品种数量，均堪称亚洲之最。这里生活着400多种共5000多尾

鱼。这些龙子龙孙，是海洋馆中的望族大户。珍奇罕见的大王乌贼，怒目舞爪的大章鱼，以及神仙鱼、石斑鱼和大海龟等也汇集于此，供人欣赏。游人围绕着馆内四层通道，就可以观赏豹纹鱼和海鳗绝美的游姿。海洋馆内还设置了珊瑚礁展室，那白如冬雪、红似烈焰、像树枝、犹花朵的千奇百态的珊瑚，向人们演绎着海洋生态和珊瑚礁的形成。在新竣工的鲨鱼水族馆内，人们可以欣赏到40多种深海霸王鲨鱼的雄姿威仪。特别令人生畏的是，人们能够看到潜水员与鲨鱼和章鱼在水下搏斗的精彩场面。

海洋公园中的辽阔水域，就是海洋剧场。在那碧波荡漾的大舞台上，活跃着一群演技高超的明星，它们均经过严格的训练。一条身躯庞大、名叫"海威"的杀人鲸，是深受观众钟爱的主角。它时而腾空而起，溅起浪

花朵朵；时而轻潜水底，掀起碧波重重。敏捷的动作，优美的游姿，着实令人叫绝。那人见人爱的海豚，在海洋剧场可称得上是红得发紫的大明星、台柱子。它们或钻圈，或跳跃，或与姑娘亲昵，或与孩童嬉戏，精彩的表演，常常赢得一阵阵掌声。剧场中那推陈出新的独有剧目，迥异于国际上一般水族馆的俗套表演，更是令人百观不厌，回味无穷。百鸟居岂止百鸟，足有3000只飞鸟在这里展翅翱翔。光彩的孔雀，耀目的红鹤，艳丽的鹦鹉均是这里的明星。

百鸟居设计独特，规模壮观。5根巨型圆柱支撑起硕大的不锈钢丝网，笼罩面积多达2500平方米。这里不像传统公园那样让人们站在笼外观赏，而是让人们进入这人造的天然环

境，与飞禽共处，使人顿生身临其境之感。人们在近距离可以观察到150多种生长在地面、森林、丛林、灌木和水边的鸟类。而走进水底观察廊和展览厅，更令人产生深入"虎穴"，已得"虎子"之感。

户外登山电梯是海洋公园最常用的代步工具，它长达270米，是当今世界最长的户外电梯，每小时可运载4000名游客穿梭于大树湾与山顶之间。人们登上电梯，或坐或站，边观赏景色，边冉冉上升，飘然欲仙之感油然而生。此外，新型舒适的意大利造的登山缆车，也是海洋公园最吸引游客的设施，250多部通体晶莹透明的圆形缆车缓缓航行于海洋公园上空，每部乘坐4人。缆车从低地花园到山顶距离为1.5千米，时间需8分钟。坐在缆车内可以远眺深水湾、浅水湾、担丁山和南海的旖旎风光，又可以俯视青山绿水、川辉水媚的美丽景色。

乘上疯狂的过山车，呼啸而上，直登云天，只有青年人方敢一试。滑浪飞船，激流而下，劈波斩浪，飞溅的水花兜头浇来，落个透心凉，清爽淋漓，煞是痛快。其他如巨型滑水梯、激流旅程、浪涛渡、神仙索、彩虹飞渡、长江遨游，均不乏刺激。这里既有迪斯尼公园的冒险，又有无穷的趣味，引得童叟纷纷问津。当然，公园还专给儿童开辟了一个历险乐园，除有新奇设施外，还有一饲养小马、白兔的牧场，真是儿童的童话世界。

海洋公园有一支庞大的后勤队伍，外勤人员踏遍五洲四海，搜寻珍品；内勤则筹划设计，绞尽脑汁。此外，还有专人为水族换海水、配餐、训练等，从早到晚，忙个不停。新来的水族演员要首先全面检查身体，熟悉环境，然后按部就班进行训练，实行淘汰制，屡教不会的不能登大雅之堂献艺者，只好放到海洋馆混日子。后台有一设备极为先进、并设有外科及手术室的水族医院，一发现有异状者，即行隔离或留院就医，进行药物治疗。通过参观"后台"，可感到一个现代化水族公园，真是"麻雀虽小，五脏俱全"，绝不只是搜集了动物就摆着展览而已。

日新月异的海洋公园还在不断扩大规模，增添设施。五彩缤纷的蝴蝶馆已收集了成千上万只彩蝶，走进去如入梦幻仙境。即将建成的温室，将会移栽五大洲的奇花异草和各种热带温带植物，那时梅、兰、竹、菊，四时不谢之花，八节常青之草将供人欣赏。更值得一提的是占地1万平方米的"集古村"，将又是一所游人的好去处。"集古村"布置得古色古香，中国传统的亭台楼阁、宫殿庙宇一应俱有。它不但把中国的辉煌历史尽展眼前，而且还安排经验丰富的职工，穿着古代的服饰向游人示范如书法、铸剑、雕刻等传统艺术和工艺，并详细说明中国丝绸、纺织、造纸、炸药、指南针及印刷术等科技历史。

金石滩奇景

金石滩位于金州东南约35千米处，是1996年正式对外开放的5个国家级旅游度假区之一。海陆总面积120平方千米，由海石景观、浴场沙滩和山地野林三部分组成。有"海上石林""神力雕塑公园"等美誉。

在长约25千米的海岸线上，有着许许多多的奇岩怪石。有的像海豹嬉水、卧虎观山，有的如神龟渡海、恐龙登岸，有的似大鹏展翅、鲸鱼腾跃。稍远的海上，则有各种海蚀柱林，名为"天仙姑""老寿星""定海神针"等。每当涨潮之际，这些六七亿年前的岩石，犹如神仙远临、百兽出海，蔚为奇观。

海蛇岛奇观

在辽东半岛最南端的铁山之巅，在黄海与渤海分界处，镶嵌着一颗硕大的"夜明珠"。每当茫茫夜色降临时，它就发出耀眼的光芒，一闪一闪地扫视着近50平方千米的海区，为经过这一海区的航船指引航向。这颗夜明珠就是至今已有100多年历史的大连老铁山灯塔。

"山上有灯塔，山下有水线"。灯塔下面的海水被一道清晰的水流线分成水色深浅不一的两个海域。过了这条水线，就由黄海进到渤海了。

蛇岛又名龙山岛，位于大连市西渤海之中。蛇岛方圆不足1平方千米，最高峰海拔215米，是个山岭起伏、无人居住的荒岛。岛上毒蛇有1万多条，树枝上、草丛里、岩石缝中，随处可见，触目皆是。

岛上毒蛇虽多，但都是同一种属的蝮蛇。它体长不到1米，头呈三角形，背部黑灰色，是一种以鸟类为食的蛇类。它捕鸟的本领非常高超，可以毫不费力地吞吃比它粗得多的鹌鹑之类。但有时会碰到强敌鹰类，双方就会拼死搏斗一番，那场面非常激烈，结果往往是两败俱伤，或蛇被鹰啄死，或鹰中蛇毒而亡。

蝮蛇浑身是宝。1980年，国务院将蛇岛列为国家重点自然保护区。

值得补充一笔的是，位于蛇岛以南9千米处，还有座海猫岛，又叫海猫砣子，海拔近120米，面积0.3平方千米。"海猫"指的是海鸥，又叫黑尾鸥，叫声似猫因而得名。岛上的"海猫"数量无法统计，只知同飞时如云遮天，齐鸣时震耳欲聋。春秋两季更有不少候鸟途经此岛。海猫岛成了鸟的乐园，与蛇岛同列为国家重点自然保护区。

渤海中的天下一绝

在我国的四大海域中，渤海有它的独特之处。一是位置最北，它位于北纬37°11′~41°，是我国纬度最北的一个海区；二是面积最小，它的总面积仅7.7万平方千米；三是海水最浅，平均深度仅18米；四是岛屿最少；五是产毛虾最多。

鲅鱼圈，位于营口市区南60千米的海滨。这一带盛产鲅鱼，古代就常有渔船在此捕捞收港。清代康熙年间，渔民逐渐聚居，形成村落，得名鲅鱼圈。

鲅鱼圈一带，属海洋性温带季风气候，三面环山，一面临海，山海辉映，秀丽多姿。月牙湾海滨浴场有20千米长的海岸线，浪缓滩平，水清沙净，是国内少见的"金沙滩"之一，是集海、山、泉、林于一体的旅游胜地。

营口市坐落在大辽河入海处，是辽宁重要大港之一。营口历史悠久，早在远古时代，我们的祖先就在这一带劳动生息。春秋战国时期，这里属燕国，秦代属辽东郡，辽代称这里为辽河大口，清代河口出现了沟营镇，简称营口，沿称至今。

营口的人文景观较多，如石棚山的新石器文化遗址、市区西南部的楞严寺等古庙。楞严寺是东北四大禅林之一，辽南第一名刹。

营口西北约60千米的台河口，是辽河、双台河、大棱河等"九河下梢"地区，现已成为双台河口国家自然保护区，占地800平方千米，是世界上黑嘴鸥最大的繁殖地，也是丹顶鹤的乐园。

台河口往西约70千米的锦州港东侧，有大、小两座相距2.5千米的小岛，因岛山形似笔架，故名大、小笔架山。两山各有"天桥"一座，与陆岸相连，尤其是大笔架山天桥，堪称天下一绝、世界奇观。

天桥实际上是一条潮汐冲击而成的天然通道。潮水涨满的时候，"天桥"处的海水深达3米多，可以载舟行船，撒网捕鱼，但仍可看到"天桥"迹象。那是一条界限分明的海浪线，桥左的浪不会到右侧去，桥右的浪也不会到左侧来，它们只能在"桥"处相汇，激起很高的浪花，风浪越大，越是壮观。

落潮了，海浪线左右的海水渐渐变黄，一条若隐若现的沙石带，像条"神龙"在波海中戏耍，慢慢地腾升。突然浪花儿截然地分成两排，神龙的脊背一天桥露出来了。大笔架山天桥长1800多米，宽15米。每天，天桥露出水面的时间长达4小时，游人可以尽情地在桥上漫步，一直走上山顶。

美丽的西沙

南海，我国最大的边缘海，海深水蓝，烟波浩渺，四季皆夏，风光独特。南海的岛屿数量仅次于东海，岛屿集中地，一是在珠江口一带的海域，一是在海南岛的南部海域，统称南海诸岛。南海诸岛分为东沙、中沙、西沙和南沙四大群岛。东沙群岛属广东省管辖，其余的属海南省管辖。海南省陆地面积只有3.4万平方千米，为全国陆地面积最小的省份，然而海洋面积占全国海域面积的一半以上，是全国最大的海洋省。南海介于太平洋、印度洋之间，南海诸岛大部分地处南海的中心部位。

浩瀚南海，碧波无垠。我们的船迎着汹涌波涛驶向西沙首府——永兴岛。

永兴岛的面积为1.85平方千米，是南海诸岛中最大的岛屿。第二次世界大战期间，它被日军侵占。1946年，中国政府派"永兴号"军舰前往接收，永兴岛因此得名。永兴岛现在是海南西沙、中沙、南沙群岛办事处的所在地，是南海诸岛的政治、经济中心。

踏上永兴岛，就像进了一座热带植物园。岛上的绿化面积达85%，主要是麻风桐、羊角树和椰子林等。麻风桐和羊角树是西沙独特的原始热带树种，虽木质疏松，但生命力极强，能抗御台风，蔚然成林。椰子林则是从三亚运来的树苗，经过多年的辛勤栽培才得以长成。岛上有1946年中国政府立下的"收复西沙群岛纪念碑"和1991年所立的"中国南海诸岛工程纪念碑"。

西沙群岛计有40多个岛礁，除了海拔16米、最高的石岛全是岩石外，其余的多是荒岛瘠滩，少土缺泥，唯有驻军。多年来，驻岛部队的

官兵们，利用出差、探亲背来了30多个省、市的泥土，在各岛填土造地，开发建设，使西沙成了一个个海上乡镇。尤其是永兴岛，这里建起了第一个发电站，第一条商业街，第一座现代化的三沙宾馆，第一所海洋博物馆和第一个海水淡化站等，以100多个第一，成了南海的海上新市。漫步在长500米，宽20米的永兴岛"王府井大街"，怎能不为共和国的卫士们感到骄傲和自豪呢！

位于永兴岛东面的东岛，是西沙的第二大岛。这里聚集着国家二级保护动物白鲣鸟10万余只，有鸟岛之称，早在1980年就被划为白鲣鸟保护区。鲣鸟不仅有强劲的双翅，而且四肢前蹼很发达，既能翱翔长空，又能深潜水中捕食鱼类。鲣鸟的生活很有规律，每天清晨成群飞到海上觅食，傍晚结队返回，栖息岛上。这种日出而作、日落而息的定向飞行，能给来往的渔船指示方向，所以渔民称它是"导航鸟"。鲣鸟一生，羽毛色彩多变，而且越变越美。雏鸟一身白色绒羽，幼鸟大部分变成褐色，脚淡黄色，成鸟的脚变红、两翅灰褐，其余均变为白色，十分惹人喜爱。当它们成群结队飞去飞来时，在朝晖或晚霞的映照下，景色更为壮丽。

西沙还是海龟的天下。每年的4~8月，随着西南暖流的来临，成群的海龟从斯里兰卡、印尼一带海域进入南海，爬上南海诸岛产卵繁殖。除了绿海龟外，还有玳瑁和棱皮龟。它们比陆地上的龟鳖大得多，特别是棱皮龟，一般体长1米多，最重可达200~250千克，一个人站在它背上也无所谓，堪称龟中之王。

南沙礁魂

南海诸岛中的东沙群岛，距广东汕头市约250千米，由东沙岛、东沙礁等四个岛礁组成。东沙岛面积为1.80平方千米，是南海诸岛中的第二大岛。岛上盛产药用海藻类——海人草。

中沙群岛位于西沙群岛东南100多千米处，由很多潜伏水下的暗沙、暗礁组成。在中沙东面的300多千米处，还有座黄岩岛。

南沙群岛的位置最南，是诸岛中岛数最多、分布最广的一群，由100多个岛礁组成。南沙中面积最大的太平岛(面积0.43平方千米)，也是海鸟王国。南沙群岛最南部的曾母暗沙，是我国领土的最南端。

南海诸岛，除了西沙中的高尖石是座火山岛以外，其余全是珊瑚虫形成的珊瑚礁岛。

到过南沙的人都知道，南沙有座闻名中外的永暑礁。永暑礁原是座隐伏于水下的暗礁。20世纪80年代中国人民解放军进驻此礁。最初用竹子、油毛毡搭成简易的高脚屋，后来用金属架建成单层钢筋混凝土的哨所，环境异常艰苦。20世纪90年代，应联合国教科文组织要求，海军官兵苦战189天，挖出港池、航道，筑起可抗10级飓风、3米狂浪的大堤，堆砌成举世罕见的人工岛。岛上矗立一座崭新的楼房——中国南沙海洋观测站。楼顶除了航标灯、雷达等观测设施外，最醒目的是一幅红色巨型标语——"祖国万岁"，令来访的炎黄子孙心潮激荡，倍感亲切。

如果说"标语"体现了守礁官兵和科技人员的神圣职责，则新楼中的90字的对联更表达了他们的高尚情怀。对联全文是："熔一身古铜，纳民族大业，天涯须眉潇潇洒洒，烟波浩渺中审潮涨潮落，真如壮丽人生，留一朝豪气，结成千古风流；铸一副铁骨，承祖国重任，军营男儿轰轰烈烈，云海变幻处看日出日没，都是锦绣山河，送一日时光，比做万载辉煌！"

卫士们生活艰苦，但很乐观，还有常人体会不到的乐趣，如观潮、听涛、送日落、迎日出、海边拾贝。什么虎斑贝、豹斑贝，各种宝贝都能拣到。最有趣的要算是海上垂钓了，有的战士晚上把钓线绑在大腿上睡觉，结果，上钩的大鱼硬是把他摇醒了。

神奇美丽的珊瑚礁

祖国的南海，分布着大小不一的岛屿，我们统称为南海诸岛，这些岛屿几乎全是由珊瑚虫分泌的石灰质骨骼所组成的珊瑚岛礁。一种极为细小的珊瑚虫，竟能建造出可以居住人的岛屿，真可谓奇迹。这奇妙的珊瑚虫是个什么样的动物呢？大家见到的珊瑚有树枝状、柳叶形、人脑形、鹿角状，真可谓千姿百态。珊瑚的颜色有白色、红色、黑色，五彩缤纷。许多人把珊瑚与美丽的花朵相比，认为它是植物。其实，珊瑚是生活在温暖海洋中的一种腔肠动物，它与晶莹透明、在海洋中过着漂泊生活的海蜇以及有"海底菊花"之称的海葵都同是本家。

珊瑚虫的触手很小，都长在口旁边，那"肚子"(内腔)里被分隔成若干小房间(消化腔)，海水流过，把食物带进消化腔吸收。珊瑚虫有两种

繁殖方式，一种是自身"发芽"，长出新的一代。另一种是雌虫和雄虫，分别排出卵子和精子，精卵结合，成为新一代幼虫。活珊瑚虫有吸取钙质制造骨骼的本领。活珊瑚虫死去了，新的又不断生长，日积月累，死珊瑚虫的石灰质骨骼形成了珊瑚礁、珊瑚岛。目前，由于污染和人们的破坏性开采，连一些世界上最富饶、最壮观的珊瑚礁都正迅速成为海底"坟场"。据联合国提出的报告说，在印度南部每年有成千上万立方米的珊瑚被人们采去烧制石灰。有的国家还开采珊瑚用于筑路、修建防波堤和盖房子。海洋科学家十分关心珊瑚礁的损毁状况，因为珊瑚礁与海藻能为龙虾、鱼类和其他海洋动物提供隐蔽栖息处，并为这些海洋动物的生长发育提供"食粮"。同时珊瑚礁可以对海岸起到保护作用。然而一些国家的珊瑚礁遭到严重破坏，影响鱼类繁殖，加剧海岸被侵蚀程度。据科学家估计，在1平方千米面积的珊瑚礁水域可以捕到4至5吨鱼虾，而在空旷的海里只能捕捞到500千克、最多2吨鱼虾。

美丽多姿的珊瑚这样令人喜爱，也更应受到人们的保护。

海底的无穷奥秘

在风光绮丽的西沙群岛辽阔海疆的水下，是一个引人入胜的"大花园"。那里盛开着珊瑚组成的奇花异卉，有的像蘑菇，张着鲜红、嫩黄、浅绿、雪白的伞。它们在灿烂的阳光下，被湛蓝的海水一衬托，就显得格外耀眼悦目，真是好看极了。

看那些基部附着在岩石、贝壳和海底的海葵，伸出黄色和天蓝的触角，随波摇曳，很像如花似锦的菊花。还有那五光十色的海百合，展出风车般的腕，好像向阳的葵花，当它们用腕划动起来时犹如翩翩起舞的彩蝶。再看紫红色的梅花参，它那身上的棘状突起，犹如一朵盛开的梅花。这些珊瑚、海葵、海百合和梅花参组成了一座美丽的海底"大花园"。

由于地壳的不断变动，不但沧海会变成桑田，连桑田也能变为沧海。如1605年，明代万历年间，在海南岛琼州的一次大地震中，就有100多平方千米陆地变成了沧海。今天，已发现72个"海底村庄"。若坐船出海去看，透过清澈的海水，在一处10米深的水下，分布着石磨和断墙，还留有一座方形的戏台。

千姿百态的海洋生物

　　一位水下考古学家，曾先后发现30多座海底城市。意大利考古学家扎尔德查洛，在安德罗斯海域的20米深处，隐约见到一些长满水草的房屋废墟中，既有街道、广场和港口码头，还可看到一些大理石雕像的碎块。原来那是古代的皮尔基海港，曾是历史上的一座名城呢！有人形容大海是个无风三尺浪的怪东西，曾吞没了无数的船只。人们在意大利、西班牙和我国沿海，曾打捞起数百艘沉船，也发现过无数的金银财宝，还有价值连城的古文物，成为考古的依据，又是历史的见证。

　　1917年，英国载有43吨黄金的"劳伦季克"号海轮，在第一次世界大战中，被德国水雷击沉于北爱尔兰附近的海底。经过7年多的潜水作业，才使黄金重见天日。

　　1955年，人们在海底的淤泥中，发现119艘希腊战舰的残骸。据考证，那是2400多年前，雅典人对西西里远征被击败的见证。在10多年前，美国潜水员在土耳其吉利多尼海角，发现一艘最古老的船，那是公元前13世纪的沉船。他们不但捞起了其中的铜板、青铜武器、圆柱形的图章、埃及的彩陶，还找到了镶着玻璃珠子的双耳瓶。

丰富多彩的美国海底博物馆

风暴、触礁、海战等灾难，曾造成了美国水域数不清的沉船悲剧。多少年来，一直有人试图打捞沉船里的财宝，但往往是随财宝打捞上来的还有船舷和尸骨。这些遗物吸引人们去想象当年古人与大海搏斗的壮烈情景，同时人们也认识到这些沉没于水下多年的遗物积淀着当年历史事件的信息，它们是重要的历史遗物。每一艘沉船都有一个不寻常的悲壮故事，从而人们得出一个结论：沉船是美洲历史文明发展进程中留下的遗迹，具有极为重要的历史、文化、科学价值，它们不能任人随意打捞！

近年来，美国有3个集团对沉船感兴趣。最大的一个集团是有将近几十万成员的潜水爱好者协会。对于这些潜水爱好者，沉船是他们水中旅游的重要景点，其中有人喜欢已经探明的沉船，有人喜欢没有受到现代人干扰的沉船，有人甚至以历史传说为线索去寻觅沉船。其次的一个集团是数千个考古和文物组织。对于这些考古学者来说，每一片分布在海底的船骸及货物都可以反映过去年代的社会、经济、科技和艺术状况。第三个集团是打捞水下财宝团体，它们大约有20多个机构，其目的就是千方百计以最低成本打捞到沉船里的金、银以及其他值钱财物，最后拿到交易市场上去拍卖，进而获得高额利润。

潜水爱好者希望能随意进入沉船，这与打捞水下财宝的人要独占它们是有矛盾的；而考古学家要求有秩序收集文物，这又与潜水爱好者凌乱地从船上拿东西作纪念品有矛盾。

水下考古只有短短30多年的历史。美国著名的水下考古学家罗伯

特　马尔克斯早先就是位潜水运动爱好者。他回忆说："当我在20世纪50年代刚刚从事潜水运动的时候，没有什么装备，完全靠体力和经验，更没有什么水下考古概念。当时许多考古学家也没有想到沉船具有历史文化的价值。"60年代，美国考古学家彼得　洛克摩顿和古代航海史研究所考古主任乔治·贝斯，首次以考古学方法在地中海发掘了一艘3000年前的沉船，从而开创了水下考古这一崭新的领域。现在美国东卡洛林那大学和得克萨斯州大学都开设了这方面的课程，学生们怀着浓厚兴趣选修了这些课。校方还聘请潜水爱好者来指导学生们的水下考古实习。

每当夏季来临，潜水爱好者与考古专家组成水下考古队，便在美国沿海和一些内河、湖泊探寻具有历史价值的沉船。由于共同的兴趣和目的，他们的合作是密切的。1975～1981年，近200名潜水爱好者发掘出了缅因州水域历史上有名的海盗船"堡垒"号；1981～1982年，再次在潜水爱好者参与下，在弗吉尼亚州约克郡发掘了一艘19世纪末沉没的英国战舰。现在，潜水爱好者俱乐部又协助布洛华德郡历史学会发掘佛罗里达州海军要塞附近的沉船。这一系列活动收获是重大的，对于研究美国东海岸和加勒比海19世纪航海史有重要意义，那里昔日是探险家和海盗角逐的战场。

20世纪80年代中期，三面环海的佛罗里达州成了引人注目的考古地域。当地渔民、海洋石油开采者、天然气开发者、海员、海洋环境保护者与潜水爱好者、考古学家一样，对水下考古发掘深感兴趣。著名的海洋探险小说《宝岛》《彼得·潘》等惊心动魄的故事都发生在这一带。西班牙古银币、珠宝、金条等宝物藏在海盗的秘密地点，这一切引得许多人梦想去发现。

梦想是浪漫的，无拘无束的。而各州政府却认识到了沉船是文化财富，由此制定了现实的法案以保护自己水域内各种资源。20世纪60年代以来，美国各州陆续针对商业打捞活动建立了水下保护区，并颁布了水下文物遗址保护法。但没有一个州禁止在沉船遗址地进行潜水活动。有些州还规定对民间团体或个人从事水下探查给予资助，因为潜水爱好者的个人活动对于这项事业是有意义的。正因为他们每年的活动都发现上百条沉船，从而为水下考古工作标明了方位，使考古探查大大缩短了时间和减少了财力，同时许多潜水爱好者也加入考古队的发掘工作。佛罗里达州考古专家吉姆·米勒希望："尽可能让更多的潜水爱好者们加入这项工作，他们在江河湖海中发现了许多重要的历史古迹，对我们的工作大有益处。当然，这也需要大家自觉遵守规矩，如果每一位潜水者从沉船里拿走一件小东西，要不了两个月，所有的东西都会被拿完，而水下的历史遗迹也就无迹可寻。"

20世纪70年代以来，美国各州之间花费了许多金钱和精力争夺各自水域内的资源，于是很有必要建立统一的沉船遗迹保护管理法。80年代美国参众两院讨论通过了国家沉船遗迹管理法案。法案承认各州目前采取的措施，也允许个人对沉船进行娱乐性探查活动。

国家沉船遗迹管理法案得到了美国有识之士广泛而热烈的支持，人们对沉船遗迹意义的认识进一步明确。美利坚是欧洲探险家们数百年开发海洋而创立的国家。在此之前，这里只是辽阔的原始荒野，沉船是美国海洋活动的历史信息和物证的重要来源，是国家珍贵的文化遗产。只顾打捞沉船里的财宝而不考虑它的历史文化价值，犹如陆地上盗掘坟墓一样，是野蛮的行径，必须立刻加以制止。作为一个历史不太长，文物遗迹更显得稀罕的国家，不能眼睁睁看着反映自己历史面貌的物品被目光短浅、唯利是图的打捞活动毁掉。那些不仅属于过去，也属于现在，更属于未来的历史遗物，是美国人民世世代代的无价之宝。

还有一些人士进一步提出，水下打捞工作应该国有化，虽然这看起来似乎违背了美国人自由贸易生产的观念，但这样做却可以让从事打捞工作的人全力为保护国家文化遗产和考古研究服务，有利于文物保护和有计划的财物发掘。

美国国家公园管理局提出了更多的设想：建立国家水下历史遗迹

公园，向一切具有潜水技能的旅游者开放！让那布满苔藓的船骸向现代人讲述大海和敢于向它挑战的勇士的故事。

大海是诱人的，昔日它引得人们去漂流，今日又唤起人们寻古。有的考古学家指出：美国最丰富的古博物馆在海底！在那蔚蓝色波涛下，除了沉船，还可能有淹没的古城遗址。

海底地形奇观

人们对陆地的名山大川、奇峰异洞比较熟悉。在汪洋大海的底部，它的地形又是怎样的呢？

海洋科学家使用日益先进的海洋器械、声学、光学和电子仪器，如探测潜艇、水下机器人、水下电视、水下摄影等技术，探明了海底也有很多地形奇观。如洋脊裂谷、平顶海山、海中深渊、海底峰林、海底峡谷等。

洋脊裂谷。秦岭、天山是人们熟知的大山，但大洋底部的山岭规模比它们庞大得多。大西洋的洋中脊，自北向南呈"S"形展布于大西洋中部，长达15000千米，宽150～300多千米，在海洋水中巍然屹立，高出洋底3000米。在洋脊的中部有呈"V"字形的宽广而深陷的裂谷。谷底比谷缘深1000多米，往往有热泉喷涌或岩浆喷发。谷壁由火山熔岩组成，凹凸嶙峋，奇形怪状。

平顶海山。大洋中脊裂谷喷出的岩浆，往往堆积成海山，以至高出海面。当火山停止喷发，成为死火山后，在波浪的不断侵蚀下，日积月累，终于把它削平，形成平顶山。由于新洋壳不断地从中脊裂谷处新生，老洋壳以每年约1～5厘米的速度向大陆方向移动，在洋壳上的平顶山也随之飘移。当洋壳沉降时，有些平顶山便变成海底平顶山。近洋中脊的海山比较年轻，距洋中脊越远，海山的年龄也越老。

海中深渊。大洋地壳比大陆地壳重，所以洋壳飘移俯冲到大陆地壳之下，在俯冲带就形成深渊，这种深渊称作海沟。海沟的横切面呈"V"字形，向大陆的沟坡较陡，向海的沟坡较缓。全世界海洋中最深的海沟是西太平洋的马利亚纳海沟，深达11034米；其次为菲律宾海沟，深达10540

米。与中国距离较近的海沟，有位于我国台湾东北方的琉球海沟，还有南海东部的马尼拉海沟，其最深处达5377米。

海底峰林。桂林山水的秀丽，尽人皆知。那多姿的山峰，林立于漓江河畔。在海洋底部，也有挺拔的峰林。那是由以珊瑚为主的钙质生物缔造出来的。在热带海洋，只要适宜珊瑚生长的海域，都有珊瑚存在。海底峰林就是由珊瑚构成的。我国的西沙群岛，一座座珊瑚环礁，就是在水深1000米左右的大陆坡台阶上拔地而起

的。而我国的南沙群岛，大多数珊瑚礁都是在水深2000米左右的大陆坡海台上竖立起来的。它们在波浪的冲击下，往往有陡峭的边坡，甚至被波浪淘蚀出洞穴来。在上缘往往被潮流和波浪冲刷出一道道沟槽和脊梁。

海底峡谷。在大陆上，有切山过岭的河川峡谷。在海洋底也有峡谷。在连接河口的大陆架上往往留下冰川时期的古河道。我国的珠江口，在大陆架上就留下了古河道，甚至古三角洲。

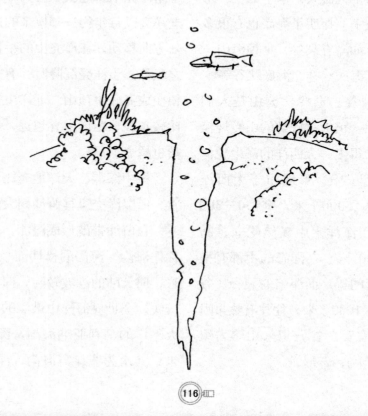

大陆架和大陆坡

在大陆坡，也有许多海底峡谷，这些峡谷的形成，可以说是海底泥石流"塑造"出来的。海底的泥沙以至石砾，随着海洋底流而移动，称为"浊流"。在它的强劲切割侵蚀作用下，使海底形成峡谷。

大陆与海洋之间，有个过渡地域，这个过渡地域称为大陆架和大陆坡。它们占海洋面积的15.3%，占地球表面积的10.9%。

大陆架的形成 陆地与海洋不是永恒固定的。今日的海，说不定几万年后变成陆地，今日的陆地，说不定几万年后又变成海。即人们常说的"沧海桑田"。

在漫长的地质变迁中，海陆变迁已反复多次了。在距今1万多年前的最后一次"冰川时期"，当时整个地球的气温普遍下降，冰川、冰盖面积扩大，海面比现在的海面约低130米。"冰川时期"过后，地球气候变

暖，随着冰雪融化，大量的水注入海洋，海面逐渐升高到如今的位置，海水淹没了部分陆地，形成了今天的大陆架，也就是说，今天的大陆架，是冰川时期大洋的前沿部分。

正因如此，国际上公认，大陆架是沿海国家领土的自然延伸。在《联合国海洋法公约》中规定：沿海国家的大陆架包括其领海以外依其陆地领土的全部自然延伸，扩展到大陆边缘的海底区域的海床和底土，如果从测算领海宽度的基线量起到大陆边的外缘的距离不到200海里，则扩展到200海里的距离。

大陆架占海洋总面积7.6%。大陆架有丰富的资源，世界上80%的渔业资源和30%的石油和天然气资源都在大陆架上。所以大陆架也是各沿海国家的专属经济区。

两种类型的大陆坡 大陆坡是大陆架与海盆底或洋盆底之间的过

渡斜坡。它的坡度较陡，是地球表面最长最陡的斜坡，坡度平均4°或2.5%，即1千米内下降25米。它的宽度一般在15~80千米，有些地方甚至大于100千米。大陆坡占海洋总面积的7.7%。大陆坡可分为两大类型：大西洋型和太平洋型。前者坡度较均一，地形较简单，地质活动较弱，没有火山地震带。后者地形复杂，地质活动强烈，有火山地震带。

中国的近海和大陆架

渤海，为我国的内海。由辽宁、河北、山东、天津三省一市环抱。由于有黄河、海河、滦河、辽河等河流注入，每年带来约30亿立方米泥沙。虽然渤海近几千年来一直在缓慢沉降，但过量的泥沙沉积，使海水缓慢变浅。这里是典型的堆积型大陆架。

黄海，西边为我国山东省和江苏省海岸，北边以庙岛群岛与渤海分界，东边连接朝鲜半岛和济州岛，南界至长江口北岸与济州岛连线。黄海底部全是大陆架。

东海，北连黄海，南至福建平潭与台湾北端的富贵角，西边为长江口以南的江苏、浙江、福建海岸，东边以冲绳海槽为界。东海大部分也是大陆架。台湾海峡也是大陆架。台湾地区的东侧，大陆架很窄，一般宽度只有3~6千米，局部宽达30千米。

南海，有宽广的大陆架。毗连我国华南海岸的南海北部大陆架，长达1200千米，宽130~400千米。南海的南部和西南部，也有宽广的大陆架。

台湾岛东侧的大陆坡很陡，宽6~30千米，坡度达20%~80%，即每千米降低200~800米。大陆坡足过渡到西太平洋底或称菲律宾海盆底部。

南海大陆坡位于南海大陆架与南海中央海盆之间的过渡海域。南海的大陆坡较宽广，而且在北部、西北部和南部的大陆坡上，有台阶和分割台阶的海槽和海谷。在台阶上发育了珊瑚礁群岛，如东沙群岛、西沙群岛、中沙大环礁和辽阔的南沙群岛。

海洋，水面宽广，一坦平洋。但在海底有海盆，海盆之间有海岭、海沟或海槽，并不平坦。

海盆和海沟

什么叫海盆呢？

在陆地上，比较广阔的凹陷地区，称为盆地，如四川盆地。在海洋底部，也有凹陷的大片地区，称为海盆。海盆当中，有些属于大洋与大陆交接处的边缘海海盆，有些是在大洋里的海盆。

我国的渤海和黄海只是内陆海盆，东海、南海才是边缘海海盆。日本群岛和朝鲜半岛之间的日本海，南海东南方的苏禄海海盆，都属边缘海海盆。它们位于西太平洋边缘，其特点是地壳厚度较薄，一般为6.2～9千米。其海水深度较浅，一般在4000米左右。

大洋中的海盆，例如东太平洋海盆，是由大致南北走向的东太平洋海岭与中太平洋山脉阻隔成的海盆。还有马里亚纳海盆，中太平洋海盆、北美海盆、巴西海盆、北非海盆、安哥拉海盆和澳大利亚海盆等，均属大洋海盆。大洋海盆水很深，一般在5500～6000米。

南海深海盆。我国南海的深海盆位于南海中部，包括中央海盆和西南海盆，水深3800～4200米，底部呈深海平原。表层沉积物主要由褐色黏土、泥质粉沙、放射虫软泥和有孔虫软泥组成，其中夹有火山喷发物。在局部区域有海山和海岭屹立，如黄岩岛海山及其在该海山上发育而成的珊瑚环礁。盆底地壳厚度达4.4～8.75千米。

毗连中国台湾岛东方的西菲律宾海盆，属太平洋西部的大海盆，它的东界为九州至帛球海岭，北界是琉球群岛，南界是菲律宾群岛，水深5000米。

什么叫海沟呢？

沟，是深沟的意思，海底出现的

深沟称为海沟，即海底狭长的洼地。海沟一般分布在大洋的边缘，并与大陆边缘平行，长500～4500千米，宽40～120千米，水深6～11千米，为海洋中最深的地方。海沟垂直剖面呈不对称的"V"字形，靠洋一侧坡度较缓，靠大陆边缘一侧坡度较陡。

海沟常与弧形的列岛相伴出现，这是因为地壳板块运动的结果，即洋壳板块插到陆壳板块之下，或者一块洋壳板块插到另一块洋壳板块之下，而产生弧形列岛和海沟。

海洋中有许多海沟，如位于南海东边有马尼拉海沟，另有千岛海沟、日本海沟、琉球海沟等。菲律宾海沟的水深达9994米。而全世界海洋中最深的海沟是马里亚纳海沟，位于马里亚纳群岛东侧，水深达11034米。

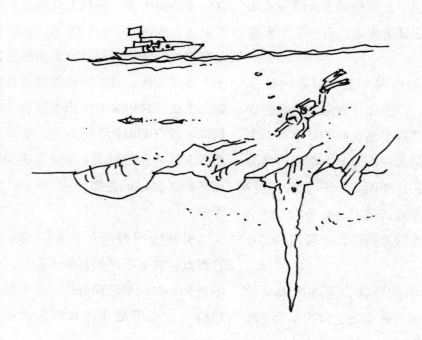

海底火山

在电视荧屏上，有时会看到正在喷发的火山镜头，滚滚浓烟直冲云霄，炽热的岩浆奔腾流动，把周围的林木烧成一片火海。这是陆地上的火山爆发。在海底也有火山活动。全世界的活火山有500多座，其中在海底的近70座，即海底活火山约占全世界活火山数量的1/7。海底活火山主要分布在大洋中脊和太平洋周边区域。

大洋中脊的海底火山。大洋中脊在大洋中部，是屹立于洋底的大型山脉。它是海洋板块的生长点，是新洋壳产生的地带。大洋板块物质从这里通过岩浆喷溢的形式不断产生，并向两侧朝大陆方向缓慢移动，也逐渐固化和变老。

大洋中脊是地壳最活动的地带，当熔融岩浆经过地幔沿着裂谷喷溢，就产生海底火山爆发。熔融岩浆冷却后就在洋脊裂谷两侧出现新火山。

大洋边缘的海底火山。在大洋的边缘，特别是西太平洋的边缘，由于大洋板块较重，大陆板块较轻，大洋板块俯冲到大陆板块之下，形成岛弧—海沟系列地形(岛弧，即指延展得很长的弧形列岛)，岛弧往往有火山活动，有些在岛上喷发，有些在海底喷发。

我国陆地上的火山已有较多记载，如雷琼(雷州半岛和海南岛)火山群、长白山火山、藏北火山及大同火山群等等。在我国海底，同样有火山存在。

中国台湾的海底火山。台湾自8600万年前就开始有火山活动。断断续续的火山活动，在台湾岛的北端、东边和南部留下不同时期喷发的火山。台湾东南海上的绿岛、兰屿、小兰屿，台湾北部外海的澎佳屿、棉花屿、花瓶屿、基隆岛和龟山岛等，原来都是300万年以来因海底火山喷发形成的。后来经地壳运动和海平面变化，才由海底火山变为火山岛。又如澎湖群岛，除花屿外的63个岛屿都是火山岩构成的岛屿。从火山岩层之间夹有海里生长的贝壳和有孔虫化石，说明澎湖群岛的火山也是在浅海环境喷发而成的。钓鱼岛也是由火山岩组成的。台湾海外，可能还有未出露的海底火山。

西沙群岛的高尖石——海底火山的露头。高尖石位于西沙群岛东部东岛的西南方14千米的东岛大环礁西缘。这个面积不足300平方米、呈4级阶梯状的小岛，实为海底火山的露头。在岩石鉴定中发现，在火山碎屑岩中夹有珊瑚和贝壳碎屑。可以想象在200万年前，地动海啸，热气浓烟冲出海面，在上空翻腾，震撼着西沙海区。据岩层倾向分析，当时的喷发中心在高尖石的东北方。估计附近海底会有海底喷发的枕状熔岩。高尖石只是由火山碎屑物组成的火山锥体的残留部分。

南海深海盆的海底火山。南海深海盆是南海海底扩张形成的。在距今3200万～2300万年期间，由于这里洋壳底部熔岩上溢，火山喷发，形成早期海山如长龙海山、中南海山等。之后，约在2300万～1700万年期间，南海海盆沿北纬15°附近为扩张轴，朝南北方向扩张，也带来海底火山活动，形成第二期海底火山。如黄岩海山、珍贝海山等。据中国与美国的海洋科学家联合在南海中央海盆探测，使用先进的地质拖网技术，在南海深海盆底的海山上，刮到火山岩石，这是有力的证据，足以证明南海深海盆存在着海底火山。

海底绿洲和沙漠

点缀在茫茫沙漠中的绿洲，令人神往。绿洲是郁郁葱葱、生物繁茂、生机盎然的地方。在海洋里也有"绿洲"和"沙漠"。

若从海洋底部的生物多少去识别它是"绿洲"还是"沙漠"的话，不同的海底，情况大不相同。在海岸带，即大陆与海洋交接的地方，一般来说，动、植物较多，特别是滩涂区最明显。在亚热带和热带海岸，有珊瑚岸礁和红树林区，那是生物最丰富的地方。在大陆架，也有很多底栖鱼类、虾、蟹等生物，洄游的鱼类就更多。在大陆坡的浅水台阶，尤以热带透光带内的珊瑚礁区，是"绿洲"世界。然而在3000～6000米深的海底，普遍来说能见到的生物甚少，黑暗而寂静，有海底"沙漠"之感。

海洋中的"绿洲"，从缔造"绿洲"的不同能源去划分，可分为两大类：一类是在海洋的透光带内，靠阳光为能源形成的"绿洲"，如以造礁石珊瑚为主的珊瑚礁区或生物浅滩区，生物种类繁多，生机勃勃。另外一类是在海洋深处的热泉区，靠地球内部溢出的热能去驱动生物生长和繁衍。

海底高地"绿洲"。海洋底部有宽广的平原，也有海岭、海山、海丘和浅滩。在透光带内，即水深50～60米以内的海底，阳光的能量使多种藻类等植物得以进行光合作用，大量生长繁殖，为其他生物直接或间接提供食物来源，使多种多样的生物兴旺繁盛。如南海大陆坡台阶上的我国南海诸岛，其中的暗沙、浅滩等高地，发育了珊瑚礁。这就是海底高地"绿洲"。又如在台湾海峡南部的台湾浅滩，贝类、甲壳类、底栖鱼类等生物很丰富，也是海底"绿洲"。

海底热泉附近的"绿洲"。近20多年来，由于海洋科学和技术的进步，深潜器能直接到达数千米深的海底裂谷，现场观察、摄影、采集海水和岩石样品，进行分析研究，在裂谷底部常见热泉喷涌，水温达300℃左右，许多种类的生物由热泉提供的能源而生长繁衍。在适宜生长的热泉附近海底，人们惊奇地发现：长达3米的管状蠕虫在爬动，直径30厘米的蛤在一张一合，巨大的螃蟹在奔走，时而成群形成球状……还有鱼、虾、海绵和深水珊瑚等，构成五彩缤纷、生机盎然的海底"绿洲"。据科学家统计，在海底裂谷热泉边缘的生物物质密度，是其他海底的500～1000倍。热泉滋生了细菌等微生物，这些微生物是生物链中首先成为其他生物的营养源，使多种多样的生物得以生存和繁衍。

近年来，海洋生物学家在水深1000～3000米的深海槽发现大量线虫，线虫是低等动物。不过，对深海线虫的研究还是初始阶段，有待进一步探讨。

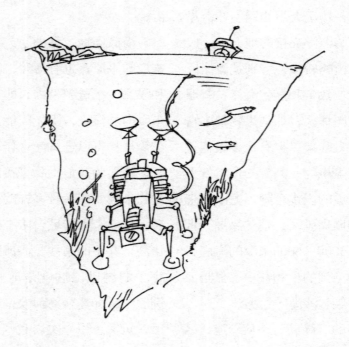

多姿多彩的海底沉积物

当河流把大陆上的泥沙带入大海，又通过海流运动，泥沙会慢慢地沉积在海底。海洋里有很多生物，有些是底栖的，有些是浮游的，它们难以溶解的遗骸，也会留在海底，或沉到海底。海底火山的喷发物，或附近陆地火山喷发，弥漫在天空的火山灰也会沉降到海底。太空的陨石也会坠落到洋底。所以海底的沉积物，其种类也是多种多样的。不同的海洋环境，有不同的沉积物。这里所说的沉积物是指未固结的松软的沉积物。

水下岸坡的沉积物 水下岸坡是大陆海岸带的水下部分，即波浪作用到海底部分，一般水深在15~20米，其宽度为5海里左右。这一海区的沉积物来源于陆地，以砾石、砂、淤泥为主。在河口地段，为河流三角洲沉积物，如我国的黄河、长江、珠江、韩江和南渡江等河口，都有三角洲沉积物，以砂、粉砂和淤泥为主。

大陆架沉积物 我国有宽广的大陆架。渤海、黄海全是大陆架，东海偏西大部分是大陆架，南海有非常宽广的大陆架。以南海北部大陆架的沉积物为例，在离岸约50千米内的沉积物，以粉砂黏土为主，这属于内陆架沉积物。在离岸较远、水深50~200米的范围内，以细砂为主的沉积物中含有近岸贝壳碎屑，反映夹有古海岸带的沉积物，称为残留沉积物，这属于中部和外部大陆架沉积物。在水深200米附近及水动力较强的琼州海峡东口附近，沉积物以粗中砂为主，有少量含砾粗砂。在珠江口南偏西方向，在水深20~60米的一个区域，长约250千米，宽约100千米范围内，沉积物较复杂，有砾砂，也有粉砂、黏土，它是珠江口古三角洲沉积物。

大陆坡沉积物 大陆坡远离大陆，只有海流会带来少量陆源物质，沉积物以暗灰色淤泥黏土为主。当你把它放在筛子上，用水把泥冲走，会看到很多细小的生物壳屑，其中最多的是有孔虫壳体。有孔虫是原形动物，体积小，直径0.1～1毫米居多，极少量大到10毫米。它有五花八门的壳体，壳体以钙质为主，也有瓷质的和几丁质的。它有浮游的，也有底栖的。在陆坡的沉积物中，除黏土外，以浮游有孔虫沉下的壳体为主，当水深超过2000米，它的钙质壳体会逐渐被溶解。有孔虫与环境紧密相关，故有孔虫对确定古环境，确定地层时代有重要意义。

大洋深海沉积物　大洋深海沉积物中，看不到有陆源物质，它的沉积物主要来源是在大洋生活的生物，主要是浮游生物的遗骸。由于深水区会使可溶解的矿物质溶解，所以沉到4000～6000米深的洋底，主要是难以溶解的硅质等生物硬体，其主要种类是富含硅质的放射虫和硅藻等。这些深海沉积物称为放射虫软泥和硅藻泥。此外还有抱球虫软泥和翼足虫软泥。放射虫是单细胞原生动物，放射虫软泥主要分布于太平洋和印度洋的热带深海区。翼足虫软泥也是分布在热带海区。硅藻是浮游植物，硅藻软泥主要分布在冷水海区，在暖水区也有分布。由于沉积物来源很少，大洋底1000年才增加1～2毫米厚的沉积物。

深海沉积物中还有褐色土（红黏土），它可能与火山活动有关，火山物质含有氧化铁和氧化锰的成分，导致软泥呈褐色或红色。

生物沉积物　在海洋沉积物中，生物沉积物具有重要位置。在热带海区分布着60万平方千米的珊瑚礁，它的厚度由几米至2000多米，如我国的南海诸岛。在一些近岸浅海区有密集的软体动物壳体构成的贝壳滩和贝壳堤，如广东省东部的海山岛岸外的贝壳滩。

沉积物中的间隙水

人们在水井中取水饮用，那水井中的水是地下水，它是从陆地沉积物如砾石、沙子、泥土或岩石边的间隙水汇聚而成的水源。在海洋沉积物中也有间隙水的存在。

从大陆架埋藏的古河道可望取到淡水。在没有河口的海岸和海岛，往往很缺乏淡水。海洋地质学家在大陆架调查考察，发现有不少古河道被埋藏在大陆架沉积物底下。如长江口外，水深55～60米的大陆架，底下就有古长江下游河段。它向东南方延伸，还穿过大陆坡，伸到宫古岛的北侧。那是距今1万年前的冰川时期遗留下来的古河道。又如珠江口外，也有珠江下游古河道被埋藏在大陆架的沉积层之下。在特定环境下，这些古河道可能有淡水储存。一些海洋地质学家正在设法去探查这些海底古河道的淡水资源，从而解决部分临海地区

及海岛的淡水不足问题。

沉积物中的间隙水可聚集金属元素。据海洋地质学家调查研究证实，太平洋洋底的多金属结核中，含有丰富的锰、镍、铜等金属。这些金属主要从当地的沉积物中的间隙水，通过复杂的化学作用，沉积在结核上。它的聚集过程很缓慢，约1万年才聚集到0.1毫米厚。但经过千百万年的漫长地质时期，使多金属结核的厚度达0.5～9厘米，其金属含量具有工业开采价值。间隙水对金属元素的聚集，起着重要的作用。

间隙水可促使石油与天然气聚集。石油与天然气比水轻，当石油与天然气在沉积物中经过地球化学作用生成的时候，在一定的地质作用下，沉积物中的间隙水，会迫使石油与天然气向地层上部运移。在适当构造地层环境中聚集，形成油田与天然气

田。

沉积物中的间隙水，在海底工程中具有重要的意义。现代海洋工程，如建设码头、栈桥、防波堤、海洋石油钻井平台等等，都要探测海底的土质情况。不同土质，它的含水量不同，即海底沉积物中的间隙水多少不同。如亚黏土的含水量是25%～29%，淤泥质亚黏土的含水量达到32%，淤泥的含水量更大。海底不同土质、不同含水量，对压缩程度、承受重量也不一样。所以沉积物中的间隙水，直接关系到海洋工程质量，海洋工程师们对它很重视。

总之，对海洋沉积物的间隙水是不能忽视的，要开发海洋，利用海洋，也要研究海洋沉积物中的间隙水。

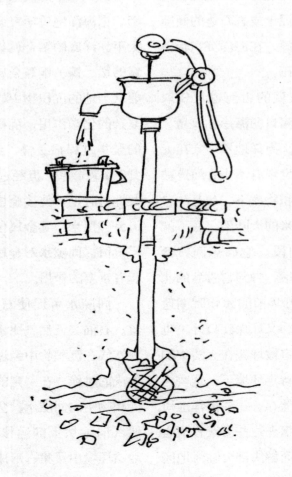

见证历史的海底岩石

海底岩石，是指在海底或洋底固结了的坚硬的岩石，它往往处在松散或松软的海底沉积物之下。

在漫长的地质时期，远古时期的沉积物，通过自然压实、高温作用会变成坚硬的岩石。海底和洋底由于受不同的地壳运动和成岩环境的影响，会产生多种多样的岩石。因此，海底岩石的种类繁多。

海底沉积岩 大洋的沉积岩，是大洋沉积物凝结硬化而成的。据海洋地质学家的广泛调查，它们最老的不会超过距今2亿年，在地质年代称为中生代早期。这比大陆上的沉积岩年龄短几亿年至十多亿年。一般来说，离大陆近的，沉积岩的厚度大，年龄也老，远离大陆的海下沉积岩较薄，也较年轻。这些沉积岩有砾岩、砂岩、页岩、泥质岩、石灰岩和生物礁灰岩等。

我国南沙考察队于1990年和1994年在永暑礁先后进行钻探，在17米以下至400多米都钻取到珊瑚灰岩和生物沙砾岩等。

海底岩浆岩 地壳运动，海底扩张，板块碰撞和俯冲以及断裂等作用，使地幔深处的岩浆喷发，形成岩浆岩。它主要分布在大洋和海底的张裂带，如大洋中脊，海底裂谷等处。一般新生洋壳的岩石是拉斑玄武岩，偶然也会有碱性玄武岩、粗面岩和流纹岩等。

海底的岩浆岩，以洋中脊、岩浆喷溢的裂谷上的地质年龄较年轻，远离洋中脊和裂谷的岩浆岩的地质年龄较老。

海底变质岩 变质岩就是原来的沉积岩或岩浆岩经过地壳运动，在高温高压的影响下，引起性质上的变化而形成的岩石。在高压低温与低压高温的不同作用下，会形成不同的变质岩。

在高压低温下形成蓝片岩，即蓝色片岩，又叫蓝闪石片岩。在海沟靠大陆的一侧，可以找到这种变质岩。

在低压高温下形成片麻岩。它受上升的高温岩浆的影响而成。当它与深成侵入岩一起在高温低压下，会成为混合片麻岩。

海底混杂岩　在地壳运动的板块碰撞的俯冲带上出现。在板块俯冲过程中，把不同的岩石经过挤压搅拌，破坏穿插，相互混杂在一起，成为杂乱无章的混杂岩。海沟是板块俯冲的地带，因此在海沟会找到混杂岩。

因大陆架原是大陆的一部分，它的海底岩石与大陆岩石没有什么区别。在海边的潮间带，在钙质生物较丰富的岸滩，产生较年轻的岩石——海滩岩，它是在几千年内形成的。

连绵起伏的海山

在大洋中脊，在大洋与大陆接壤的边缘，由于海底扩张，大小板块的相对挤压、碰撞，以及大洋板块俯冲到大陆板块之下的地壳运动，导致断裂，产生了山。地震和火山活动，同时也诞生了山。于是，海底有许多的山，称为海山。众多的海山，组成海岭。如北大西洋海岭，印度洋的印度海岭、中印度洋海岭、太平洋上的夏威夷海岭，都是由海山组成的崇山峻岭。这些海山除少数露出水面为海岛外，都是藏在海水下的。

我国台湾岛是西太平洋岛弧中的一段。它的北端海域和南端海域都有海山分布。在南海的大陆坡、深海盆上，都有无数的海山。南海中的有些岛屿，只是海山出露的部分。

台湾岛附近的海山。在台湾岛东岸的三仙台往南，经火烧岛、——兰屿——小兰屿——巴士海峡北侧，有一条海岭，长达200千米，水深浅于200米。除上述出露的小岛外，有不少未出露的海山。在台湾南端的鹅銮鼻——七星岩往南至北纬21度，也有一条海岭，长达100多千米，水深浅于200米，个别海山顶部水深仅2米。它比两侧深海底高出几千米，相当于陆地上巍然屹立的高山峻岭。

南海陆坡上的海山。南海北部陆坡上缘，有两座珊瑚礁海山，一座是神狐暗沙，其基座水深200米，顶部水深11米。另一座是一统暗沙，其基座水深500米，顶部水深10米。东沙群岛的北卫滩和南卫滩也是两座海山，它们在水深3000米的陆坡台阶上耸立着，顶部水深60米和58米。在它们的北侧和西南方80千米处，还有未命名的几座小海山，它们的基座水深200米左右，而山顶水深只有9～23米。

在南海西北部陆坡台阶上，除已公布的西沙群岛各岛礁和中沙大环礁外，还有很多在水下100～600米的海山尚未命名。在南海南部陆坡台阶上，南沙群岛的部分"暗沙""滩"是珊瑚礁海山，如普宁暗沙、保卫暗沙、海马滩和勇士滩等。

南海深海盆上的海山。有众多海山屹立在南海深海盆上。它们的形成和走向形态，与深海盆的成长过程有关。一些呈东北至西南走向，如北部的笔架海山，中南部的中南暗沙、长龙海山等。有些是近东西走向的，如中部的黄岩海山、珍贝海山等。它们是在3000～4000米的深海盆底挺拔而起，至水深几百米，个别顶部水深仅18米。

多姿多彩的海上家园

早在20世纪80年代初，日本就已在神户沿海建成一座迄今世界上最大的海上城市，可供2万多人居住，为21世纪海洋城市的开发展示了美好的前景。80年代末，日本政府更是雄心勃勃，提出了举世瞩目的海上城市规划蓝图：在21世纪内共要在日本近海建造25000个海洋城市。

最近，日本政府已通过一项决议：在离东京城约120千米处的海面上，建造一座巨大的海上城市——海洋通信城市，以作为未来25000个海洋城市的"首都"。日本最大的13家建筑公司联合承包了这项宏伟的工程。建筑蓝图上的"海洋通信城市"可容纳100万常住人口，外加接待50万名游客。预计2010年完工。

在日本政府规划的25000个未来海上城市中，绝大部分是由地方财团出资兴建的。实际上，实力雄厚的日本大林集团已在集资建造一座海上摩天大楼——云霄都市2001。

"云霄都市2001"的城址已落实在东京湾内侧千叶县浦安外海约10千米处的海上，预计在3～5年内可完成前期工程，然后再用15～20年时间建成大楼，2020年正式投入使用。这既是一座城市，也是一座海上大厦，比当今世界上著名的大厦——美国"西尔斯大厦"（高443米）还要高出3.5倍。楼顶高出海平面2001米。大厦总建筑面积为1100万平方米，分500个层次，25个大单元，可供14万人长期定居，30万人就业。大厦内设有住宅、购物中心、学校、医院、娱乐场所等设施，还有办公机关及企业部门。由于它与内陆隔离，能源将自给自足。楼内可搭乘大型高速电梯上下，一次可搭乘100人，从楼底到楼顶只需15分钟。整座大楼耗资将高达3260亿美元。

由于海洋城市是建在100～200米水深的海面上，这座城约需1万余根钢铁立柱支撑。在这些钢铁立柱上装入先进的传感器设备，使其有预测预报台风、海底地震或海啸的功能。其城市的"板块"结构全部采用电脑自动控制系统调节力度，确保海上城市的平稳性，给人以如同在陆地上的感觉。为防止海洋城市受海底地震或海啸以及台风的破坏，海洋建筑学专家经过反复论证，设计出了一套新的建筑方法。对淹没于水下的城基部分采用各式各样的巨水罐结构，利用它们的惯性、推力和反推力作用来消解巨浪冲击力，并控制震动，有效地防止地震或海啸的破坏；在水上部分设置许多特别的通风孔，让强劲的台风从洞中透过，从而起到防台风，确保海上城市的安全。

海上城市的水电供应将实现自给自足：采用太阳能电池和波浪发电、风力发电、海水温差发电等方式供电；采用海水淡化或净化方式供应淡水。海洋城市也不会给海洋带来污染，城市开设的环境净化处理工厂可处理废污水，并将粪便、生活垃圾加工成压缩肥料，运回陆上施肥，以确保海洋环境的净化。

其实，人类在努力开发海上城市的同时，也已经开始向海底进军，指望在那美丽幽静的海底世界营造自己的乐园。如果说一条条新开辟的海底隧道仅仅是代表人们可以乘坐地铁从海底走向海峡对岸的话，那么，美国1993年在佛罗里达州基拉戈市的浅海底建成的海底酒店，却为人类能在海底世界安居乐业展示了美好的前景。

美国有关专家认为，这种新型的海底酒店就是人们到海底安居乐业的海上城市的雏形。

随着海上人工岛、海上城市、海中公园和海底酒店、海底工业城、海底采矿区以及其他海上、海底设施的建成，在海中来往就必须配备一些先进的交通工具。对此，美国和日本的远景规划是开设海底隧道中的磁悬浮列车和高速公路网，而在水面则开设速度可达150～200千米/小时的海上快艇。但是在20世纪90年代，科学家们已意识到，到了21世纪，仅凭海底隧道交通干线和海上快艇交通仍无法解决数以万计的海上、海底城市与陆上的交通联系，必须另辟蹊径。有的专家认为，开设两栖型的水下列车，将是21世纪最安全、最时髦的交通工具。

1993年，日本科学技术中心，召

集海洋动力学专家、列车专家和潜艇专家，对制作出来的水下列车实物模型进行多方位科学论证和技术探讨，并计划用5年左右的时间研究出可投入使用的样车。这种未来的两栖水下列车，在陆地上的速度为200千米／小时，潜入水下33米深后的速度为80千米／小时。

列车在水中快速行驶将会遇到海水阻力、潜流、湍流以及海水对流等海洋动力学问题。对此，日本专家决定将列车车身借助导向轮固定在高架单轨水下铁路路基上，借助潜艇使用的升降舵，使列车在深水中行驶时能够保持平稳。此外，水下列车上装设有先进的线性发动机，进入水中后单轨铁路路基上特制的带电线圈产生磁场，与列车车身的电磁铁相互作用，从而驱动列车在水中快速行驶。

美、英、法、德等国的专家也认为，水下列车的研制已无任何技术上的障碍。但目前尚需解决的问题是：如何使列车结束海中旅行之后能缓缓上升，以免旅客产生不舒服感。此外，铺设于海中的单轨高架铁路因海水的腐蚀需经常检修，但这项工作难度颇大，谁先解决这个问题，谁将先使用水下列车。不过旅客用不着为安全问题担心，一旦列车在水中遇到意外，其"启闭"式自动装置可使列车自行脱轨浮上水面。

乘坐水下列车的最大特点是能够置身于神秘的海底世界。旅客们可透过玻璃舷窗举目四眺，领略海中的特有风光：海龟将从你身旁闪过，虾兵蟹将向你迎面扑来，鱼儿在你头顶嬉水，海豚将尾随着你游荡，千姿百态的珊瑚将在你的脚下飘摇，仿佛真的到了东海龙王的水晶宫。

21世纪初的海上娱乐场

建立大型海上娱乐场，是日本运输省进行的利用海洋空间的工程之一。在离陆地几千米的海上，可建造人工岛，岛上能建码头、企业、居民点、休养所等。在人工岛周围，可与陆地之间创造一个平静海域，或在人工岛上设置一个由波浪控制装置所营造的平静海域。海上娱乐场就建在这海域上。近年来，随着经济发展、生产力不断提高及人们空余时间的增加，人们对空闲时间的价值观也在变化。人们对这种能充分利用海洋资源、海洋空间的海上娱乐场也越来越感兴趣，因为它使人有一种回归自然的感受，使人能够借助技术与自然相处得更加协调和谐。波高、风速、气温、水温等各种因素，对海上娱乐活动影响很大。体育性的各种活动，如游泳、潜水、游艇活动等，一般要求在波高1米以下、流速2.5米/秒以下、风速10米/秒以下、气温和水温20℃以上的海域进行。而海水浴、海滩游戏、散步、拉网活动，则要求在波高0.5米以下、流速0.5米/秒以下、气温和水温30℃以上的海域内进行。但新一代的海洋性娱乐，最好在平静海域进行，以使安全性增大，活动时间延长，甚至夜间也可进行。这样，活动者的年龄层次也能扩大，老年人也可以参加。

新的海上娱乐活动能充分利用海洋特殊的魅力，巧妙地应用海洋的波浪、流动、水压、海水浓度等特性。虽然目前从技术和成本方面看，未必马上就能实现，但不久的将来却完全有把握予以实现。从目前的研制进程看，大致有如下一些项目：

一是透明密闭座舱。它是一种耐用性透明球体座舱。人一进入里面就不会被水弄湿。它能随波翻滚，随波漂流，人在里面能享受随波逐流之趣。无风浪时，球体中的人也可自行动作，使座舱在水中自由活动。

二是漂浮气垫。它是一种装有小型马达的气垫。使用时，先让它以低速向人工岛前进，然后让它在海面上漂浮。人在上面能很快消除疲劳，从而体验到一种悠闲、舒适的感觉。

三是漂浮步行通道。它设置在海面上，能随波上下浮动。人在上面走犹如在摇晃的吊桥上行走一样。由于是在平静海域，因此浮动幅度不大，很安全。通道有的部分淹没在水中，又让人有水上散步的感觉。

四是音响护岸和沉箱。把波浪撞击护岸和沉箱的声音放大，并改变成优美的能拨动人心弦的波浪之声。使人听后，工作的疲劳感和紧张感一扫而光，心情异常舒畅。

五是海中浮动通道。利用海底合适的地形来设置。把跨越海沟的吊桥与珊瑚群、海藻群有机地结合起来，形成宽广的步行长廊。人们带着水中

呼吸器在此处活动，极有情趣。

六是海中养殖园。在水中建立鱼类、贝类、海藻类培育场地，还可建立能自由捕捉鱼类、贝类的渔猎场，以增加活动乐趣。

七是海滨剧场(水上剧场)。利用海滨夜色建立开放型电影院、剧院。从沙滩上眺望海上银幕。影片在夜雾蒙纱似的银幕上放映，使人有一种梦幻似的感受。此外，在海上也可建造电影院，让观众边在海上纳凉，边看电影。

八是旋转型船码头。由于船码头可以旋转，船从码头出发就能受到有理想风向的风的推动，使人情趣大增。

建造海上娱乐场的地区无特别要求。太平洋沿岸温带地区的海岸，都可以建造。它可以全年开放，每年可接纳游人200万左右。考虑到社会的高龄化，老人也是它接纳的对象。这种海上娱乐活动时间通常为几天到一周。

千姿百态的海上人工岛

人工岛是人类出于各种目的，在海上建成的陆地化工作和生活空间，是人们利用海洋空间资源的一种形式。它的主要功能：工业生产用地，如在海上建造能源基地、海洋油气田开采平台；通运输场所，如建造海上机场、港口、桥梁、隧道等；储藏场地，如建造海上石油储备基地、危险品仓库等；娱乐场所，如建造临海公园、绿地、游艇基地、垂钓场、人工海滨等；废弃物处理场，工业垃圾可用来填海造地；农业用地；综合利用，如建造海上城市，为人们提供拥有大海、阳光和洁净空气的生活空间。

人工岛可分为拓地形和充填型等多种形式，其建筑材料大多通过移山填海，就地取土石，但也有利用工业原材料的。施工方法有排水造地法、填筑法、浮体法、软着陆法等。有些国家通过建造人工岛而取得的陆地面积十分可观。如荷兰的人工岛面积占国土面积的20%。美国人提出在墨西哥湾和大西洋东北部、哈特腊斯角以北造数个8平方千米的人工岛，用于建设石油加工厂。英国在本国的南海岸建起了一个用橡皮外壳做构架的圆锥形人工岛，主要用于石油勘探开发。法国、荷兰和瑞典等国根据本国经济发展的需要，计划在北海南部建起面积约3300公顷的大型人工岛，供人们进行海洋综合开发。

第二次世界大战后50年间，日本人所造的陆地达200平方千米，相当于26个香港岛的面积。20世纪70年代日本将围垦的重点转移到海岸以外的人工岛。东京人口1200多万，面积只有2145平方千米。为了寻找新的生活空间，东京将在15年时间内用城市垃圾填出18个人工小岛。他们还着手建设一个连续跨越东京湾高速公路的人工岛，以及一项长达15千米横跨东京湾的隧道和桥梁的联合工程。

日本最著名的人工岛是神户人工岛，该岛位于离神户市以南约3千米、水深12米的海面上，建于1966～1981年，耗资为5300亿日元。填海材料是神户市西部的两座山，通过削平其山头，共得土石方8000万立方米。这座长方形的海上城市总面积为436万平方米，还有一座长300米的大桥，通过神户新港将人造海上城市与神户市联成一体，岛上设备齐全，既有国际饭店、旅馆、商店、博物馆、室内游泳场、医院、学校，还有3个公园、一个休假娱乐场和6000套住宅。1972年，日本又在神户建了第二座人工岛——"六甲人工岛"。该岛面积5.8平方千米，施工时亦用移山填海法，从六甲山顶挖出土石方，用高输送带把土石方输送到海边的栈桥上，然后用船转运到海上。建造该岛历时8年，共取土石方1.2亿立方米。

日本人还建造了海上工厂。在东京湾修建的人工岛钢铁基地，离岸7千米，周围水深10米，采取周围修建混凝土围堤，中间填土石方的办法建筑。其抗震能力为8级，岛上使用面积达510万平方米，建有7个炼铁炉、3个钢厂、两个制板厂，年产600万吨钢材。人工岛与陆地的连接是海底隧道。近年来，日本人又研制成了一种多效浮动海水淡化工厂，其额定生产能力为每天5000立方米蒸馏水，厂内设备齐全，主要优点是经济效益高、耗能低。

中国有着建造人工岛的悠久历史。中国明代嘉靖年间(1522～1567)已有建造人工岛的文字记载。1949年以来，我国沿海一些地带亦利用海滩、礁石建起了一些人工岛。长江以外用水泥堆成的鸡骨礁可谓我国第一个现代人工岛。1988年8月2日在南沙竣工的永暑礁海洋观测站也是一座在一块礁石上建起的面积达8000多平方米的人工岛。澳门国际机场亦建立在1.15平方千米的人工岛上。澳门一位实业家曾宣布，他将投资234亿美元，将澳门氹仔岛和路环岛之间的海面填平为陆地，建造一座填海700公顷的超级岛；并计划在岛上建10座酒店，一个70万平方米的多主题公园和一个66万千方米的国际贸易商城。整个建设项目定名为"中国澳门世界贸易中心"，总占地面积为170万平方米，并修建一条直达珠海的高速公路和一条铁路。

为了充分利用海洋空间资源，加快上海国际航运中心的建设，上海科学家提出发挥优势，建造人工岛的设想。首先，上海具备建造条件。长江自徐六泾以下，三级分叉，四口入海，由于河床放宽，流速减缓，长江水体携带的大量泥沙，逐渐沉降、淤积，形成了一系列河口沙岛、浅滩、心滩、沙嘴，在陆地边缘，形成了大量滩涂，为人工岛建造奠定了基础；其次，上海已积累了丰富的围垦和航道工程施工经验，掌握了成熟的海上调查和施工技术，加上国际先进的技术和设备，为工程技术提供了可行性；再次，从经济上看可以承受。据测算，在长江口造人工岛每亩成本为7万元左右。目前，上海人工岛建设主要围绕开拓航道、修建深水港和充分利用浅滩和滩涂资源三个项目展开，大致分为4大项建设：

第一，1995年6月动工的芦潮港人工半岛和深水港工程。由市农委牵头的上海人工半岛建设发展有限公司，计划从位于南汇区的芦潮港现有港口东侧江角至大戢山之间，构筑一条总长30千米的导堤，拦截长江底沙，从而使堤北逐步形成50亩的人工半岛，堤南侧形成30千米的深水岸线，为建造深水港创造条件。规划投资20亿，用10年时间完成整个人工半岛建设，使之成为浦东的南大门。

第二，建浦东国际机场的施湾人工半岛，这是位于浦东新区川扬河以南、施湾镇以东的一拓地形人工岛，南北长6.2千米，东西宽2.2千米，面积约14平方千米。浦东国际机场施工方案已于1996年6月6日批准，9月启动，一期工程投资120亿元，将于1998年建成，1999年底投入营运，其最终发展规模为年旅客吞吐量7000万人次。

第三，长江口人工岛群，有以长兴岛为依托的中央人工岛，以横沙浅滩和铜沙浅滩为依托的铜沙人工岛、浦东新区顾路镇东的顾路人工半岛、海上充填型九沙人工岛、东风沙人工岛等。这些人工岛选址都在滩涂成沙洲、沙嘴离水面5米以内的水域，其中多数为接近水面或露出水面。人工岛群建成后，将与崇明南岸、宝山区东岸一起形成拥有深水岸线200千米以上的深水港区。港口腹地除了浦东新区、宝山和崇明、长兴、横沙外，还有新建人工岛几百平方千米，将成为规模宏大的现代化港口城市。

第四，杭州湾的洋山人工链岛，这是自然岛与拓地形人工岛相结合的岛屿，规划面积30平方千米左右，深水岸线近40千米，可望成为集装箱船的枢纽港。

20世纪90年代以来，有的科学家开始摒弃以前采用的填海造地建岛的方法，逐步采用大的软着陆构造和浮体构造来建造人工岛，以便在

沿岸、海上区域能创造出新的多功能的海洋空间。日本日建设计公司近期推出一软着陆构造人工岛规划。这种人工岛采用60个单元部件组成，它们都在临海的船坞中制作，再用拖船运到现场海面上，组成一个直径2千米的圆环。部件组成的圆环内部除了有停车场、干线道路、水中餐厅、仓库外，在圆环的内侧和外侧分别设置圆筒形平衡罐，从而始终保持软着陆状态时的稳定状态。圆环可造成60公顷陆地，建成总建筑面积为600公顷的都市。这个岛结合填筑法和浮体特点

进行综合施工，计划投资15000亿日元，用10年时间建成一座可居住7万人的海上城市。

日本清水建设公司还提出一项利用吊桥原理建造浮体式人工岛的新设想。规划将人工岛建在沿海大城市圈附近水深30～40米的平稳海域。它的主体是一个直径500米，总重量约180万吨的巨大浮轮型圆形建筑物。建筑物以文化教育设施为中心，在它的两侧另建有两个8万平方米的辅助性浮体式建筑物，作为游乐和疗养场所。各浮体式建筑物用锚链相连接，利用气垫船等水上交通工具可以自由往来。为了节能和保护环境，人工岛将利用太阳能和海潮发电。岛上各种设备齐全，既可以开展文化教育、游乐活动，进行疗养，也可以作为地震等灾害发生时的紧急避难场所。该工程总造价约3200亿日元，工期约3年半。

国外还提出建海上浮动站的设想。其形状如同海鸥，拥有巨大双翼。这一浮体构造物被锚于水深约100米左右的海域，无论海波、浪潮和风向如何变化，这个浮动的大海鸥似的人工岛将整体随波逐流，顺着波浪的方向旋转，绝不会逆流而动，总是顺着自然力的作用，把浮体安全地"锚"住。这些技术的开发研究，美国水平最高，欧洲次之，日本第三，预计到21世纪初可进入实用阶段。

后来，日本有关部门又提出了再建造700个人工岛的设想，以扩大国土面积1.15万平方千米，解决近年来日本经济发展的需要。1996年7月18日，一个像航空母舰甲板一样的漂浮人工岛出现在日本神奈川县横须贺市夏岛町附近海面。这座目前世界最大的人工岛长300米，宽60米，高2米，由9个四方形的钢板箱造成。人们通常称之为"浮岛"。

荷兰海洋工程

世界闻名的荷兰两大水利工程：位于荷兰西北部的艾瑟尔湖工程。该工程从1932年开始围海造田，至1994年完工，历时62年。经过几代人艰苦卓绝的奋斗，建成一条长33千米的海上长堤，从海里围出一个艾瑟尔湖，使荷兰的陆地面积增加1/5。正在建设中的三角洲工程位于荷兰西南的福克角新水道上。来到工地，你会立即看到，一个令世人震惊的白色庞然大物正拔地而起，它就是建设中的一座风暴涌浪防护闸。这不是一个普通的防护闸，它设计新颖、结构独特、耗资巨大、施工精确，是世界上第一例采用如此巨大可移动的船体式空腔闸门。整座防护闸的核心是两扇巨大的大门。当风暴潮袭击时，能将360米宽的新河道关闭；而在正常的情况下，两扇门则是打开的，分别安静地卧在河道两边的堤堰内，既不影响过往的船只，又便于对闸门的维护维修。这一庞大建筑物的长度相当于300米高的巴黎埃菲尔铁塔，重量是埃菲尔铁塔的4倍。该工程已于1997年完工并投入使用。

荷兰是一个以盛产郁金香、风车和木鞋而闻名于世的水乡之国，位于缅因河和艾瑟尔河入海处的三角洲上。它以拥有两个百分比数而闻名于世，一个是鲜花出口量占世界60%，另一个是全国40%的土地处于海平面之下。长期以来，荷兰人为了生存而与海水的入侵进行了不屈不挠的斗争。1953年发生在泽兰的那一场特大洪涝，震惊了整个荷兰。由此荷兰人认识到，他们抵御洪灾的能力还是十分脆弱的。此后不久，三角洲工程计划就被提了出来，即在韦斯特思尔德的新水道上建立一座可移动的拦洪堤坝，但由于当时的鹿特丹港迅速扩展而使此计划搁置。直到1986年，韦斯特思尔德防洪工程的完成，证明了荷兰北部是安全的。这样，解决荷兰南部的抗洪问题就被提到议事日程上。

荷兰人采用各种各样的方法来抗御风暴潮和洪水灾害。开始是沿新河道加高堤堰，在市郊修筑防洪堤。但是，这种做法受到人们的普遍批评和抗议，主要理由是水位的提高将淹没历史古迹和河沿特征的典型建筑物，而这些都是吸引各国游人的重要景观。20世纪80年代，新的详细的计算表明，堤堰的加固和城市防洪堤的建设需要花大量的资金。荷兰政府由于经费的压力而急于寻找一种更佳方

案。于是，一种开关式的风暴潮防护闸门(简称防潮闸)的设想，经过充分的技术和经济可行性论证后，被确认是可行的。荷兰政府要求荷兰建筑承包商们提交防潮闸的设计方案，并从中选择了6种方案；经评估，波坎彼拉特尔·马尔斯兰特·柯林的设计方案最终中标。该设计方案的防潮闸是由两个扇面组成，闸门就是扇面上的弧，用钢梁连到圆心，圆心作为闸门开关的定位支点。闸门做成集装箱式的船体，高22米，长210米，船体分成若干个腔室，其中一个为安装电力与水利装置的电工室，而其他室则通过进出水来控制船体的浮沉。为了使

船体处于常开状态，必须在两岸建两个与船体相配套的船坞。连接船体到圆心的是一种三维的桁架，长238米；每个桁架由3根粗钢管组成，最下面的一根直径1.8米，壁厚6～9厘米。为了能承受巨大的重量而又能灵活转动，作为闸门转动支点的圆心是特殊设计和精心施工的一种球体，重680吨；它卧在8块凹面铸钢体上，直径10米，接触精度1毫米。铸钢体固定在5.2万吨的三角形水泥地基上，地基可承受7万吨的重力。

为使闸门能关紧河道，要求河床平坦而又坚固。因此，防潮闸门下面的河床是用64块水泥板组成，每块重630吨，平放在沙基和石头上。韦斯特思尔德防洪工程就是用沙和石块作为河底奠基。但是，新水道的过往船只十分繁忙，现场施工有很大困难。因此，采用了一种更经济实惠的办法，即借助一种特别改造的挖泥船，进行沙和卵石的铺垫，而较大的石头直接从船上倾倒，此项加固河床的工程于1994年完成。整个三角洲工程约耗资8.4亿美元。它的建成能使鹿特丹地区的100多万居民免受洪涝之苦。

防潮闸是采用先进的信息系统控制的。当风暴潮发生，水位超过阿姆斯特丹常年平均海面3.2米时，闸门将关闭。关闭过程完全由计算机控制，其程序为：启动闸门前6小时，新水道的水放入船坞，通知港口协调中心；启动闸门前4小时，港口协调中心向所有进入该区域的船只发出紧急警报；启动闸门前2小时，正航行的船只改变航向，在船坞中的防潮闸门浮起，船坞闸门打开；启动闸门后0.5小时，防潮闸门抵达河道中央；启动闸门后1小时，防潮闸腔体门打开，河水进入腔体内，闸门下沉至离河底1米处，此时通过闸门下面的水流速很快，目的是冲刷水泥河床上的沙泥；启动闸门后1.5小时，闸门可安全着落到干净的河床上。当风暴潮过后，防潮闸门将打开，其程序如下：打开闸门前2.5小时，用机车把防潮闸门拖回船坞，关闭船坞闸门，把船坞内的水泵出；打开闸门前2小时，防潮闸门腔体内的水用泵抽出，闸门浮起。通过预测，防潮闸门关闭时间不会超过30小时，因此，在此时闸门关闭引起的河水上涨还不会引起洪水。但是，防潮闸的设计也考虑了河一侧水位超过闸门的问题。当河一侧水位上升与海一侧水位相等时，闸门会暂时上浮，超出的河水就会通过闸门下面排放入海。出现上述的风暴潮灾害，大约是十年一遇。为了检验防潮闸的运转功能，需要每年演习一次闸门的开关，时间一般选择在航道相对空闲时。根据专家的预测，50年后，由于海平面的升高，出现风暴潮的灾害可能5年一次。

荷兰所处的自然地理位置及长期与水灾斗争的经历，造就了荷兰民族的忧患意识和创造力。他们经常提醒自己，荷兰人是生活在海底上，由于全球变化而产生的海平面升高，21世纪海水将会严重地影响荷兰人的生存，因此，与水灾的斗争永无止境。一个具有忧患意识的民族才能发挥无限的创造力。三角洲工程就是一种美和力的和谐，充分体现了人类改造自然的决心和信心。

海上机场与海上浮动机场

日本关西国际机场原址是一个不起眼的大沙滩，长不过4千米，宽仅仅1.2千米。惜地如金的日本人正将其改建为占地5.1平方千米、年旅客流量达3000万人次的大型机场。

地少人多的日本早就将目光盯住了奇伟浩渺的海洋，不断地在海上建成陆地化的空间。1989年，积累了丰富的围海造地经验的日本人在大阪湾东南，用2个月的时间便建成了一堵环绕沙滩的隔离墙。为了防止海水冲垮隔离墙，潜水员们先在海中筑起了一个大石头斜坡，坡内用沙子和橡胶再建一堵攻不破的围子。隔离墙内的海水深达18米。要填平这样的深坑，造一座海上机场共需要168万立方米的填料。幸好该地区有3座大山，只要削平山顶，用粉碎的岩石、沙砾来填补。这样，一座新的人工岛就诞生了。

当今，世界各沿海国已修建了不少海上机场。按照建筑方式，这些机场大致可分为以下4类。第一，填筑式。就是把大量土石填入浅海，在人工岛上建设机场。这类机场目前有日本的长崎机场、英国伦敦的第三机场等。第二，围海式。即在岸边用堤坝把一部分浅海围起来，抽干海水，覆盖土石、沙砾构筑而成。这种机场建造费用较低，但往往跑道面低于海平面，一旦堤坝毁坏，会遭淹没。第三，桩基式。即把钢管打入海底，机场本体坐落在钢管桩墩上。美国纽约拉瓜迪亚机场就是在水深13米的海中打入3072根桩，建成的世界上第一个桩基式海上机场。第四，漂浮式。它是将巨大钢制箱体焊接在许

多钢制浮体上。箱体高出海面部分作为机场，浮体半潜于水中，以支持上部重量，整个机场用索链锚系于海上。这是一种最新的海上机场的结构形式，深受各国好评。

珠海机场是我国第一个填海机场，坐落于珠海西区三灶岛的沿海滩涂上。1992年5月，原广州军区空军的一支工程总队打响了建造珠海"通天路"的三大战役。一是移山填海大爆破，将两座小山神奇地搬掉，用以填补或留部分碎石待用。二是治理软基，该机场全长4000米的跑道有90%以上是软地基，淤泥一般深2.3米，最深处达40米；官兵们先是揭、挖，运走了表面层的185万立方米的腐殖土，回填槽石碴109万立方米，打沙井桩123万立方米，并用16米高、重16吨的大锤，将4000米跑道一点点夯

实，硬是营造出4平方千米的一块平原。三是战胜台风。珠江三角洲是多台风的地区。1993年8月的一次台风曾将一艘200多吨的货船高高刮起，并抛到了离海30多米远的岸上。但官兵在台风季节也不畏惧，依然顶风冒雨顽强拼搏，终于在短短的两年零三个月时间里建成了一座大型的填海国际机场。

美国海军近年来为了适应其战略转移，更好地实现"前沿存在"战略，能及时投送兵力，设计了一种能在海上浮动的"人工岛"。这种"人工岛"不需要填土建造，而是由6个较大的舱段组成。每个舱段相当于一个模块，每个模块均采用具有较好稳定性的双体结构。每当任务需要时，就将各舱段拖到该地区，拼接成一个长900米、宽90米的"海上浮动机场"。根据情况，它可由拖船拖带或低速自航到所需海域。这种"海上浮动机场"可搭载200余架飞机，是目前世界上最大的航空母舰——"尼米兹"级航空母舰现有载机数的2～3倍。可以预见，其作战威力将十分强大。

海洋公园游览

征服凶险的海洋是人类最初的想法，当海洋在人类面前驯服了以后，人类又"异想天开"，希望从海洋中获得娱乐。

陆地上的公园，已使人类感到乏味，海洋公园的新颖和奇妙强烈地刺激着人类，于是，海洋公园最先在较发达的国家和地区出现了。

先是香港出现了海洋公园。一只巨大的、用草坪铺成的海马向人们昭示着公园的性质——海洋公园，这是世界上最具规模的海洋水族馆之一。水族馆有海洋剧场和海洋馆。水族馆里那些"通人性"的海兽向游人们表演着自己的"才能"，一群海豚在水中漫游着，当驯养员一挥手，这群海豚从水中霍然跃起，接着又一次跃起，它们居然能在空中"大回环"，转了360°以后，又整齐地落入水中，动作非常协调、和谐。海豚还能

表演芭蕾舞，它们直立起身子，腰部以上露出水面，随着音乐的节奏来回摇摆。海豹向人们表演时，憨态可掬，它们爬上舞台扇动着两个前鳍，"鼓掌"向人们致谢。当驯养员示意它们表演合唱时，一只海豹的脖子上挂上了"吉他"，它不断地划动前鳍，一只海豹站在一架钢琴前，用前鳍扑打着"琴键"，另一只海豹则随着"音乐"在水中翻越旋转，不时地张开大嘴发出"嗷嗷"的"歌声"，这使得游人大笑不止。

鲸鱼的表演也别具一格，鲸鱼的尾鳍大而有力，它能用尾鳍将它那沉重的身子托起，高高地露出水面。表演时，一位妙龄少女将身子向前探过去，鲸鱼便把头伸过来，用唇吻少女的唇，很是惊险，但鲸鱼很和善，也显出情意绵绵的样子。在海洋馆里，可以看到海洋的一切，海面上

有岛屿，热带芭蕉椰林，蔚蓝色的海洋里，各式各样的鱼，在水中游弋。在这里，海底壮丽的世界也会向游人展现出来，嶙峋的礁石，绿色的海草及各种藻类，红色的珊瑚，白色的海石花，一一收入眼帘。水下游弋的鱼类，有数百斤重的，也有很小的小鱼。

除了这类固定的海洋公园，近年来又出现了海上活动公园。这种活动公园把人们带到更理想的境地。

海上活动公园出现在20世纪80年代后期，它实际上是一艘巨型旅游船。不过，一般的旅游船是充当不了"海洋公园"的使命的。

目前世界上最豪华、可以称之为"海洋公园"的旅游船是挪威人设计、由法国建造的"海上君主"号。

"海上君主"号属于挪威皇家加勒比旅游船公司所有，1987年2月下水，同年12月交付使用。1988年1月15日，美国前总统卡特的夫人用世界上最大的高达0.9米的香槟酒瓶为这艘船剪彩。这艘被用作"海洋公园"的旅游船是够庞大的，船长268.3米，从龙骨到烟囱全船高度为60.5米，排水量是3.43万吨，可载游客2282名。

为了让游客确有进了公园的感觉，"海上君主"号上设置了多种

娱乐场所。餐厅、酒吧、剧场、休息室、图书馆、赌场、迪斯科舞厅、商店、游泳池、运动场等应有尽有，另外还设有观赏厅，观赏厅空间贯通3层甲板，有900个座位，游客可在这里观赏音乐演奏和文艺演出。

在这个海洋公园里，人们还可以看到海上旅游区的壮丽景色，呼吸带有海味的新鲜的海洋空气，这里绝少污染。这对在拥挤的城市生活腻了的人来说，上了这个"公园"，心情自然是非常舒畅的。

自"海上君主"号成了海洋公园以来，许多富有的国家纷纷效法，以吸引国内外游客。近来，又有人提出了建造比"海上君主"号更大、更豪华的"海上公园"。

中国的台湾对发展旅游业很是热心，也计划建造一座海洋公园，不过，这座公园不是活动的。他们计划建在距台北约20千米处的"东北角海岸风景特定区"，在龙洞湾与印澳湾之间约20千米的海岸线上建造水族馆和水上观望台、冲浪运动场等娱乐场所。这项工程的完成，将为人们在海上娱乐提供美好的场所。

加拿大今天的经济大部分依赖海洋，因此，加拿大人对海洋极为爱护，他们保护海洋特殊区域的措施是建立国家海洋公园。如1987年建造的位于休伦湖佐治亚湾的法汤姆法夫国家海洋公园，面积达130平方千米；位于皇后夏洛特岛南端的南莫尔斯比国家海洋公园，1992年建成；准备新建的海洋公园有圣·劳伦斯河口的萨洛奈、芬迪湾的西伊斯莱斯和北极地区南部的兰开斯特海峡。

加拿大人之所以建这么多海洋公园，目的是为了保护海洋资源，并不全是为了游玩、娱乐。对于加拿大来说，无论是在大西洋沿岸和太平洋沿岸丰富的渔业资源，还是连接内陆的通海航运，以及大陆架下的石油和天然气资源等等，都是支撑国民经济的重要支柱。因此，加拿大人希望通过建造海洋公园，给公众提供一个认识海洋、欣赏和享受海洋自然资源的机会。

加拿大人为此还专门制定了加拿大国家海洋公园政策，对国家海洋公园的规划、管理、建设、服务等做了详细说明，以期使加拿大永远有一个美好的海洋环境。

中国的海洋公园也迅速发展了

起来。

1984年，中国用"明华"轮在蛇口建立了第一个海上旅游中心——"海上世界"。同年，中国又买进了意大利制造的"玛利亚皇后号"，经过装饰打扮后，停泊于厦门鼓浪屿海面，游轮长125米，宽20米，水上高度33米，共有700个床位，甲板上设有"观海茶座"和"日光浴场"，这是中国的豪华级游轮。这座海上乐园，常常吸引一些青年在这里举行"海上婚礼"。1985年，中国开始在大连兴建国内第一座以海岸地质风光为主的海石公园。园内有长达数千米的奇礁异峰。游人还可在此观赏日出、日落及广阔的海岸风光。坐落在海底透明大厅里的水晶宫，给人们展示迷人的海底风光。1982年，中国把位于广东省电白区博贺镇南约8海里的放鸡岛选为第一个潜水旅游区。这个岛面积是1.9平方千米，岛北面为细沙海滩，南面巨石林立，岩崖陡峭，海坡潮稳缓，明清澄澈，有各种各样的鱼类、龙虾、海蜇、贝壳、海树等，再加上"水晶宫"般的水下胜景相陪衬，更令游人神往。位于青岛海滨鲁迅公园内的水族馆已有几十年历史。1984年，中国又在长岛县的庙岛建成了中国第一个"航海博物馆"。

中国的海洋娱乐设施不断增加。

海南省三亚市有一个中国规模最大的潜水旅游度假中心，这个度假中心以小洲岛为基地，以鹿回头湾、大东海、小东海和天涯海角5个附近海域为潜水旅游点。这里海水清澈，海底生长着千姿百态的珊瑚、海贝、海螺、海参，可供潜水者观赏和采捕，白天水温一般在30℃以上，一年四季都可潜水、旅游，现已配备了水上摩托、水上旅游艇、旅游潜艇等，游客乘坐旅游潜艇可以透过玻璃窗欣赏海底的奇妙景色。

随着人类科技的不断进步和人类生活水平的不断提高，海洋公园的前景将是非常广阔的，人们在紧张工作之余，可以到海洋公园去寻找乐趣，消除疲劳和烦恼。

海洋公园也将向人类提醒：海洋是珍贵的，人类有保护它的义务和权力。

人类生存新空间

世界上第一座水下居住室"海中人"号，于1962年9月6日在法国的里维埃拉附近海域60米深处试验成功，一名潜水员在海底生活了26小时。同年9月14日，法国的"大陆架"I号海底居住室被沉放在马赛港附近10米深的海底，2名潜水员在居住室里生活了7天。从此之后，水下居住室得到了很大的发展。迄今，已有上百个海底居住室相继问世。其中美国的"海洋实验室"号的最大工作深度为305米，可连续置于海底达7个月之久；曾有8名潜水名在其内工作了1个月。

"海中人"号海底居住室，实际上是美国科学家艾德温·A·林克精心研制的一座直径1米、高3米的圆筒状大型潜水钟，内装各种仪表。由于里面的空间较小，所以人只能坐在折叠椅上靠着桌子睡觉。清新的混合气体通过脐带，由水面船供给居住室，

给潜水员创造了一个清爽宜人的工作场所。1962年9月6日，世界上第一座"海中人"号居住室载着潜水员史特尼潜到水下50米深处时，他打开了潜水钟下面的舱口，口衔呼吸胶管潜到60米的海底进行调查作业。当完成水下作业回到了潜水钟后，史特尼高兴地拿起通话器喊道："我现在回到家里来了。"是啊，这座潜水钟是人类在海底的第一座居住室，也是潜水员第一个海底之家。

事隔8天，也就是9月14日，法国也建成了一座海底居住室——"大陆架"工号。它比"海中人"号外形更接近现代海底居住室的样子。"大陆架"工号像个横放的大木桶，下面挂着的几根沉重铁链把它固定在马赛海域附近10米深的海底，居住室内的空气由岛上的压缩机通过水面供气管提供。居住室里有淋浴间，潜水员

工作之余可以洗个热水澡，茶余饭后可以看看电视，听听音乐，就如同生活在家里一样。"大陆架"工号海底居住室的试验成功，为"大陆架"Ⅱ号的研究积累了经验。1993年"大陆架"Ⅱ号被设置在红海苏丹港附近水深11米的海底，4间宽大的房子呈海星状的布局，可供5名潜水员居住和工作。同时在25米水深处设立了一座可供20名潜水员居住的三层楼的小型住宅，通往海底的出入口设在最底层，潜艇是他们的交通工具。当忙碌了一天的"水下居民"们进入梦乡之后，潜艇也驶进专为它准备的"车库"中。这座海底居住室创造了7人在海底生活了7天的新纪录。当时，科学家称这座海底居住室是红海海底的新城市。此后，科学家们又相继研制出了"海中人"Ⅱ号，"海底实验室"Ⅰ、Ⅱ号，法国的"大陆架"Ⅲ

号，德国的"赤尔果兰特"号等海底居住室。曾创305米深度记录的美国"海洋实验室"号堪称其中的佼佼者。与其他居住室相比，它形状奇特，与众不同。

"海洋实验室"号海底居住室是由安装在浮船上的两个同一轴线上的圆筒和中间的圆球构成。两个圆筒压载水舱和贮气瓶也装在浮船上。只要把"海洋实验室"号运到设置海区，即可从内部控制居住室的下潜和上浮。当遇有意外事故时，居住室自携的两人救生艇可保持原有压力上浮。"海洋实验室"号居住室自持力为20天，可供4~6人在深度为147米的水下作业居住。

目前，世界上最常见的水下居住室一般如同"海底实验室"Ⅱ号，其主体为卧式的圆柱形。整个主体被舱壁隔成工作舱、生活舱和卧舱3个房间。在主体的下面设有两个方形舱，一个用于存放潜水装具，另一个用于潜水员水下观察。这两个方形舱的下部各开一个出入口供潜水员出入。主体的下部是带储气瓶的压载水舱。整个水下居住室的主体并不是支撑在几根支腿上，而是悬挂在带储气瓶的压

载上。水下居住室的下潜和上浮就是通过压载水舱注、排水来完成的。

水下居住室的上部有个出入口，供潜水员在水面出入。室内的工作舱里装备有先进的测试仪器，居住室的任何异常现象都会在这些仪器上显示出来。除此之外，还有供海洋科研人员用的宽大试验桌和各种海洋观测仪器。科学家们可以借助这些仪器调查海底的水文、地质、深海生物、海底矿物的状况，也可以通过全方位的观察窗观察海底的奇异景物和水下作业情况。海底居住室的工作环境幽雅、设备齐全，并辟有舒适的休养和娱乐场所，是名副其实的现代化的潜水员水下基地。

海底居住舱里的工作人员呼吸的是氦氧混合气体，所以潜水员必须穿着暖和的潜水服，否则，由于呼吸混合气体会使得体内大量热量消耗而使工作人员出现肌肉颤抖、呼吸微弱、举止失常等现象。因此，海底居住室的人员必须穿着通过电、化学反应或水加热的加热潜水服。居住舱里有水加热器，打开加热器，加热了的水由脐带流经潜水服上排列整齐的细软管，使潜水员身体各部位都得以

加热，然后从排水管中排出。这样循环不息，潜水服就能始终保持一定的温度。

海底居住室的居民吃用的食品是陆地上人们很难吃到的特制食品，这些特制食品大部分是按比例配制好的含有高热量、营养丰富的干冻、速冻食物，便于贮存。食用时，只要从冰箱里把这些食品拿出放在生活室的炉灶上掺入一定量的水，过一刻钟左右就可享用了。因为在居住室里，不能像陆地上的人那样炸炒煎食物，由此产生的有害气体和蒸气对特定环境的水下居住室是不允许的。所以必须使这些食物处于低温、速冻处理，这样既保持新鲜，又适于存放。

为了使海底居住室正常地工作，人们采用水面浮标不断地供给水下居住室电能、气体(氦、氮、氧和空气)、水、食品以及其他必需品。水面浮标好比一个船舶的机舱，里面有25千瓦的柴油发电机，在无人管理的情况下可连续工作1000小时。两台空压机以120升/分的流量给水下居住室上的两只瓶充气。浮标与居住室之间用脐带连接，用50～100升的递物筒把加工好的食品、小型设备、潜水员的信件及用品送到水下居住室。

水下居住室还备有救生系统，遇上恶劣的天气和海况，潜水员使用这套装置可安全脱离现场。移动式潜水钟是一种安全救生设备，水下居住室中要撤离的人员经游泳进入潜水钟后，在保持压力的情况下，随潜水钟上升到水面，然后把潜水员转入到加压舱减压。还有一种充气式救生圈，当遇到紧急情况时，潜水员打开其释放装置充气，潜水员乘坐救生艇筏沿导索上升，在水中减压后漂浮出水。单人救生艇也是应急的装备，它是居住室的附属设备，人进入其中，与居住室脱离，浮出水面。总之，救生工具应有尽有，可以保证万无一失。

海底居住室的研究成功，为未来海底城市的设计和建造积累了丰富的经验，为人类最终能在海底生活奠定了坚实的基础。